고집북스 〈포기하지마〉 시리즈 no.1

SP

"수포의 공식집

Go Zip. books

중1에서 고3까지
한 번에 정리한
수학공식집

중학수학
수와 연산
part
1

수포의공식집

Part1
중학수학 〈수와 연산〉

소수와 합성수

소수 1보다 큰 자연수 중에서 1과 자기 자신만을 약수로 갖는 수

모든 소수의 약수는 2개 (예) 2, 3, 5, 7, 11...

합성수 1보다 큰 자연수 중에서 소수가 아닌 수

합성수의 약수는 3개 이상 (예) 4, 6, 8, 9, 10...

자연수 {
1 1은 소수도 아니고 합성수도 아님
소수 2는 가장 작은 소수이고, 소수 중에서 유일한 짝수임
합성수

4

소인수분해

거듭제곱 같은 수를 거듭하여 곱한 것

$$\underbrace{a \times a \times \cdots \times a}_{n개} = a^n \quad \text{(단, } a^1 = a \text{로 나타냄)}$$

지수 ← n
밑 ←

소인수분해 합성수를 그 수의 소인수들만의 거듭제곱으로 나타낸 것

소인수는 어떤 자연수의 약수 중 소수인 것

⟨방법1⟩
$$\begin{array}{r|r} 2 & 60 \\ \hline 2 & 30 \\ \hline 3 & 15 \\ \hline & 5 \end{array}$$

⟨방법2⟩ $60 <\begin{matrix}2\\30\end{matrix} <\begin{matrix}2\\15\end{matrix} <\begin{matrix}3\\5\end{matrix}$

⟹ $\underline{60 = 2^2 \times 3 \times 5}$ (60의 소인수: 2, 3, 5)
소인수분해

소인수분해 이용

약수의 개수 구하기

자연수를 소인수분해 한 다음,
각 지수에 1씩 더하고 그 수들을 곱한다

(예) $24 = 2^3 \times 3^1 \Rightarrow (3+1) \times (1+1) = 8 \Rightarrow 24$의 약수는 8개

제곱수 어떤 수를 제곱하여 얻는 수
소인수분해 했을 때 지수가 모두 짝수인 수

(예)1, 4, 9, 16, 25...

제곱수 만들기

자연수를 소인수분해 한 다음, 지수가 모두 짝수가 되도록
어떤 수를 곱하거나 나눈다

최대공약수

서로소 최대공약수가 1인 두 자연수 (예) 5와 9, 2와 13

서로 다른 두 소수는 항상 서로소임

소인수분해를 이용하여 최대공약수 구하기

$$36 = \boxed{2^2} \times \boxed{3^2}$$
$$60 = \boxed{2^2} \times \boxed{3} \times 5 \qquad \text{공통인 소인수만 모두 곱함}$$

$$\text{최대공약수} = \boxed{2^2} \times \boxed{3} = 12$$

↑ ↑ ─── 지수가 다르면 작은 것

지수가 같으면 그대로

최소공배수

소인수분해를 이용하여 최소공배수 구하기

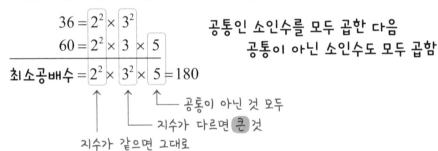

$$36 = \boxed{2^2} \times \boxed{3^2}$$
$$60 = \boxed{2^2} \times \boxed{3} \times \boxed{5}$$
$$\text{최소공배수} = \boxed{2^2} \times \boxed{3^2} \times \boxed{5} = 180$$

공통인 소인수를 모두 곱한 다음
공통이 아닌 소인수도 모두 곱함

└─ 공통이 아닌 것 모두
└─ 지수가 다르면 큰 것
└─ 지수가 같으면 그대로

최대공약수와 최소공배수의 관계

두 자연수의 곱 = 최대공약수 × 최소공배수

유리수와 절댓값

유리수 분수로 나타낼 수 있는 수 (단, 분모 $\neq 0$ 인 정수)

$$\text{유리수} \begin{cases} \text{정수} \begin{cases} \text{양의 정수(자연수)} \\ 0 \\ \text{음의 정수} \end{cases} \\ \text{정수가 아닌 유리수} \end{cases}$$

절댓값 수직선 위에서 원점(0)과 어떤 수를 나타내는 점 사이의 거리

절댓값의 기호 : $|a|$

절댓값은 항상 0 또는 양수

$$|a| = \begin{cases} a(a \geq 0) : a\text{가 0 또는 양수면 그대로} \\ -a(a < 0) : a\text{가 음수면 부호 바꿈} \end{cases}$$

정수와 유리수의 덧셈과 뺄셈

덧셈 ① 부호가 같은 두 수의 덧셈
두 수의 절댓값의 합에 공통인 부호를 붙인다
$$(+2) + (+3) = (+5), \quad (-1) + (-5) = (-6)$$

② 부호가 다른 두 수의 덧셈
두 수의 절댓값의 차에 절댓값이 큰 수의 부호를 붙인다
(예) $(+2) + (-3) = (-1)$, $(-2) + (+3) = (+1)$

뺄셈 빼는 수의 부호를 바꾸어 더하는 것과 같다
즉, 뺄셈을 덧셈으로 바꾸고 빼는 수의 부호를 바꾸어 계산한다
(예) $(+2) - (-3) = (+2) + (+3) = (+5)$

정수와 유리수의 곱셈과 나눗셈

곱셈 ① 곱의 부호를 정한다

       < 곱해진 음수가 짝수개이면 부호는 : +

           곱해진 음수가 홀수개이면 부호는 : −

     ② 각 수들의 절댓값의 곱에 ①에서 정한 부호를 붙인다

     (예) $(-2) \times (+3) = (-6)$, $(-2) \times (-3) = (+6)$

나눗셈 나누는 수를 역수로 바꾸어 곱하는 것과 같다

         즉, 나눗셈을 곱셈으로 바꾸고 나누는 수를 역수로 바꾸어 계산한다

     (예) $(-6) \div (+3) = (-6) \times (+\dfrac{1}{3}) = (-2)$

     *역수 : 두 수의 곱이 1이 될 때, 한 수를 다른 한 수의 역수라 함

     (예) -2 의 역수는 $-\dfrac{1}{2}$

정수와 유리수의 계산법칙

교환법칙 $a+b=b+a$, $a \times b = b \times a$

두 수의 <u>자리를 바꾸어</u> 계산해도 그 결과는 같음

결합법칙 $(a+b)+c = a+(b+c)$, $(a \times b) \times c = a \times (b \times c)$

세 수 중 <u>어느 두 수를 먼저</u> 계산해도 그 결과는 같음

*교환법칙과 결합법칙은 덧셈과 곱셈에서만 성립함

분배법칙

전개하기

$$a \times (b+c) = a \times b + a \times c$$

공통인수로 묶기

한 수에 두 수의 합을 곱한 결과는
한 수에 각각의 수를 곱한 결과와 같음

유리수와 소수의 관계

소수 {
  유한소수 ─────────→ 유리수 ⤳ 분수로 나타낼 수 있음
  무한소수 {
    순환소수 ─────────→   (단, 분모 ≠ 0)
    순환하지 않는 무한소수 ──→ 무리수
  }
}

유한소수로 나타낼 수 있는 분수의 판별

분수를 기약분수로 나타낸다 → 분모를 소인수분해 한다 → 분모의 소인수가 2 또는 5뿐이다 → 유한소수

분모에 2 또는 5 이외의 소인수가 있다 → 무한소수

13

순환소수를 분수로 나타내기

분자	(전체의 수) − (순환하지 않는 부분의 수)

분모	순환마디의 숫자의 개수만큼 9를 쓰고 그 뒤에 소수점 아래에서 순환하지 않는 숫자의 개수만큼 0을 쓴다

① $0.\dot{2} = \dfrac{2}{9}$ ② $0.\dot{2}\dot{3} = \dfrac{23}{99}$ ③ $0.2\dot{3} = \dfrac{23-2}{90}$

④ $0.23\dot{4} = \dfrac{234-23}{900}$ ⑤ $2.3\dot{4}\dot{5} = \dfrac{2345-23}{990}$

제곱근과 실수

제곱근 $x^2 = a$ 일 때 $x = \pm\sqrt{a}$

루트

x 를 a 의 **제곱근**이라 한다

$$a > 0 : a의 \ 제곱근 \ 2개$$
$$a = 0 : a의 \ 제곱근 \ 1개$$
$$a < 0 : a의 \ 제곱근 \ 0개$$

* a 의 제곱근 $\neq$ (제곱근 $a = a$ 의 양의 제곱근)

무리수 유리수가 아닌 수, 즉 분수로 나타낼 수 없는 수

(순환하지 않는 무한소수)

실수 유리수와 무리수를 통틀어 실수라 한다

실수의 대소관계 두 실수 a, b 에 대하여

$$a - b > 0 \ 이면 \ a > b$$
$$a - b = 0 \ 이면 \ a = b$$
$$a - b < 0 \ 이면 \ a < b$$

왜냐하면!
(큰수) − (작은수) > 0
(작은수) − (큰수) < 0

제곱근의 성질

$$\sqrt{a^2} = |a| = \begin{cases} a\,(a \geq 0) : a\text{가 } 0 \text{ 또는 양수면 그대로} \\ -a\,(a < 0) : a\text{가 음수면 부호 바꿈} \end{cases}$$

(예) $\sqrt{3^2} = 3$, $\sqrt{(-3)^2} = 3$

제곱근이 정수가 되도록 하는 자연수 구하기

P가 자연수일 때

① $\sqrt{px}$, $\sqrt{\dfrac{p}{x}}$ 가 정수가 되도록 하려면 p를 소인수분해 한 다음,

지수가 모두 짝수가 되게 하는 x를 곱하거나 나눈다 (6P 참고)

② $\sqrt{p-x}$ 가 정수가 되도록 하려면

$p-x$ 가 제곱수가 되게 하는 x를 찾는다 (단, $x \leq p$)

무리수를 수직선에 나타내기

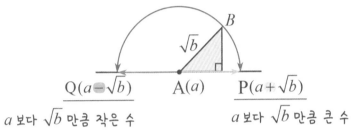

$$\mathrm{Q}(a-\sqrt{b}) \qquad \mathrm{A}(a) \qquad \mathrm{P}(a+\sqrt{b})$$

a 보다 $\sqrt{b}$ 만큼 작은 수 $\qquad\qquad$ a 보다 $\sqrt{b}$ 만큼 큰 수

점 A를 중심으로 하고 반지름의 길이가 $\sqrt{b}$인 원을 이용하면
$\sqrt{b}$, $-\sqrt{b}$ 의 길이를 수직선에 나타낼 수 있다

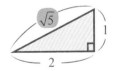

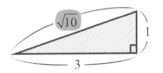

제곱근의 사칙연산

$a > 0$, $b > 0$, m, n, l 은 유리수

곱셈 ① $\sqrt{a} \times \sqrt{b} = \sqrt{ab}$ ② $m\sqrt{a} \times n\sqrt{b} = mn\sqrt{ab}$

나눗셈 ① $\sqrt{a} \div \sqrt{b} = \sqrt{\dfrac{a}{b}}$ ② $m\sqrt{a} \div n\sqrt{b} = \dfrac{m}{n}\sqrt{\dfrac{a}{b}}$

＊근호가 있는 식의 변형 ① $\sqrt{a^2 b} = a\sqrt{b}$ ② $\sqrt{\dfrac{a}{b^2}} = \dfrac{\sqrt{a}}{b}$

덧셈과 뺄셈 루트를 동류항처럼 생각하고 계산한다 (28P 참고)
① $m\sqrt{a} + n\sqrt{a} = (m+n)\sqrt{a}$
② $m\sqrt{b} - n\sqrt{b} = (m-n)\sqrt{b}$
③ $m\sqrt{a} + n\sqrt{a} - l\sqrt{a} + m\sqrt{b} = (m+n-l)\sqrt{a} + m\sqrt{b}$

무리수의 활용

무리수의 범위

$\sqrt{a}$ 의 범위를 이용하여 $b-\sqrt{a}$ 의 범위를 구할 수 있다

(예) $3-\sqrt{2}$ 의 범위 구하기

$$1<\sqrt{2}<2 \;\Rightarrow\; -2<-\sqrt{2}<-1 \;\Rightarrow\; \boxed{1<3-\sqrt{2}<2}$$

무리수의 정수부분과 소수부분

무리수 = 정수부분 + 소수부분

무리수 $\sqrt{a}$의 소수부분 $=\sqrt{a}-(\sqrt{a}$ 의 정수부분$)$

(예) $\sqrt{2}$ 의 정수부분 $=1$ $(\because 1<\sqrt{2}<2)$

$\sqrt{2}$ 의 소수부분 $=\sqrt{2}-1$

분모의 유리화

분모에 근호를 포함한 무리수가 있을 때

분모를 유리수로 만들어주는 무리수를 분자, 분모에 곱한다

$$a>0 \text{ , } b>0 \quad \frac{\sqrt{b}}{\sqrt{a}} = \frac{\sqrt{b} \times \sqrt{a}}{\sqrt{a} \times \sqrt{a}} = \frac{\sqrt{ab}}{a}$$

분모가 두 수의 합 또는 차로 되어있는 무리식일 때

분모를 유리수로 만들어주는 식을 분자, 분모에 곱한다

$$a>0 \text{ , } b>0 \text{ , } a \neq b \quad \frac{c}{\sqrt{a}+\sqrt{b}} = \frac{c(\sqrt{a}-\sqrt{b})}{(\sqrt{a}+\sqrt{b})(\sqrt{a}-\sqrt{b})} = \frac{c(\sqrt{a}-\sqrt{b})}{a-b}$$

합차공식 이용 (54P 참고)

실수의 분류

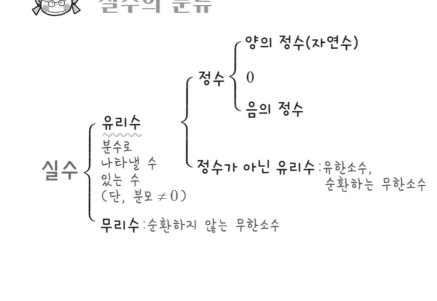

실수 $\begin{cases}$ 유리수
분수로
나타낼 수
있는 수
(단, 분모 $\neq 0$) $\begin{cases}$ 정수 $\begin{cases}$ 양의 정수(자연수)

0

음의 정수 $\end{cases}$

정수가 아닌 유리수 : 유한소수,
순환하는 무한소수 $\end{cases}$

무리수 : 순환하지 않는 무한소수 $\end{cases}$

중학수학
방정식과 부등식
part
2

수포의공식집

Part 2
중학수학 〈방정식과 부등식〉

곱셈기호의 생략

① 수는 문자 앞에 쓴다

② 1은 생략한다

③ 알파벳은 순서대로 쓴다

④ 거듭제곱 꼴로 나타낸다

⑤ 수는 괄호 앞에 쓴다

(예) $y \times (-3) \times x \times y = -3x^2y$

$(-1) \times (a+b) = -(a+b)$

*나눗셈 기호는 역수와의 곱셈으로 바꿔서 생략함

다항식과 단항식

항 수 또는 문자의 곱으로 이루어진 식

상수항 수로만 이루어진 항

계수 항에서 문자에 곱해진 수

다항식 한 개 이상의 항의 합으로 이루어진 식

단항식 다항식 중에서 한 개의 항으로만 이루어진 식

$$3x^2 + 5x - 1$$

x^2의 계수 → x의 계수 →   ← 상수항

항   항   항

차수와 n차식

차수 문자를 포함한 항에서 곱해진 문자의 개수

다항식의 차수 다항식에서 차수가 가장 큰 항의 차수

n차식 차수가 n인 다항식

$$-x^3 + 5xy - 3x + 8 \implies \text{3차식}$$

3차   2차   1차   0차   다항식의 차수 : ③

* $\dfrac{x}{2} \left(= \dfrac{1}{2}x\right)$ 는 1차이고, $\dfrac{2}{x}$ 는 1차가 아님

다항식의 동류항

동류항 문자와 차수가 모두 같은 항

항	$-x$	$5x$	$2x^2$	$-7y^2$	a^3	$4a$	6	-3
문자	x	x	x	y	a	a		
차수	1	1	2	2	3	1	0	0
	동류항		동류항 아님 (문자가 다름)		동류항 아님 (차수가 다름)		동류항	

다항식의 덧셈과 뺄셈

동류항끼리 모아서 분배법칙을 이용하여 계산한다

(예) $2x - 3y + 9x + y = (2+9)x + (-3+1)y = 11x - 2y$

일차식의 덧셈과 뺄셈(1)

계수가 분수인 일차식 $\dfrac{3x-1}{4} - \dfrac{x+2}{3}$

$\Big\rangle$ 통분하기 (괄호사용)

$$= \dfrac{3(3x-1)}{12} - \dfrac{4(x+2)}{12}$$

$\Big\rangle$ 하나로 합치기

$$= \dfrac{3(3x-1) - 4(x+2)}{12}$$

$\Big\rangle$ 괄호 풀기 (분배법칙)

$$= \dfrac{9x-3-4x-8}{12}$$

$\Big\rangle$ 동류항 계산

$$= \dfrac{5x-11}{12} = \dfrac{5}{12}x - \dfrac{11}{12}$$

일차식의 덧셈과 뺄셈(2)

괄호가 있는 일차식

$3x - [8 - \{2x - (-5x + 1)\}]$

↘ 괄호 풀기

$= 3x - \{8 - (2x + 5x - 1)\}$

↘ 동류항 계산

$= 3x - \{8 - (7x - 1)\}$

↘ 괄호 풀기

$= 3x - (8 - 7x + 1)$

↘ 동류항 계산

$= 3x - (9 - 7x)$

↘ 괄호 풀기

$= 3x - 9 + 7x$

↘ 동류항 계산

$= 10x - 9$

*괄호는 (소괄호) ⇨ {중괄호} ⇨ [대괄호]의 순서로 품

방정식과 항등식

등식 등호(=)를 사용하여 나타낸 식

참, 거짓에 상관없이 등호가 있으면 등식

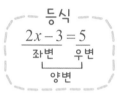

등식
$$\underline{2x-3} = \underline{5}$$
좌변   우변
양변

방정식 미지수의 값에 따라 참이 되기도 하고, 거짓이 되기도 하는 등식

좌변의 식 ≠ 우변의 식

항등식 미지수에 어떤 수를 대입해도 항상 참인 등식

좌변의 식 = 우변의 식

등식의 성질

① 양변에 같은 수를 더해도 등식은 성립한다 $a=b$ 이면 $a+c=b+c$	② 양변에서 같은 수를 빼도 등식은 성립한다 $a=b$ 이면 $a-c=b-c$
등식의 양변에서 c 를 빼는 것은 양변에 $-c$ 를 더하는 것과 같음	
③ 양변에 같은 수를 곱해도 등식은 성립한다 $a=b$ 이면 $a\times c=b\times c$	④ 양변을 0이 아닌 같은 수로 나누어도 등식은 성립한다 $a=b$ 이면 $\dfrac{a}{c}=\dfrac{b}{c}$ (단, $c\neq 0$)
등식의 양변을 $c(c\neq 0)$ 로 나누는 것은 양변에 $\dfrac{1}{c}$ 을 곱하는 것과 같음	

일차방정식

이항 등식의 성질을 이용하여 어느 한 변에 있는 항을
부호를 바꾸어 다른 변으로 옮기는 것

$$2x-1=3 \implies 2x=3+1$$

이항 할 때는 반드시 부호를 바꿈

일차방정식 방정식에서 모든 항을 좌변으로 이항 하여
동류항끼리 정리했을 때
(x에 대한 일차식)$=0$의 꼴로 나타낼 수 있는 방정식

일차방정식의 풀이

① 괄호가 있으면 분배법칙을 이용하여 괄호를 푼다

② x를 포함한 항은 좌변, 상수항은 우변으로 **이항** 한다

③ 양변을 정리하여 $ax = b(a \neq 0)$ 꼴로 만든다

④ 양변을 **x의 계수로 나눈다**

$$-4x + 10 = -(x + 2) \quad ①$$
$$-4x + 10 = -x - 2 \quad ②$$
$$-4x + x = -2 - 10 \quad ③$$
$$-3x = -12 \quad ④$$
$$x = 4$$

*필요에 따라
  x 항을 우변,
  상수항을 좌변으로
  이항 할 수 도 있음

활용 : 거리·속력·시간(1)

A와 B의 거리 구하기

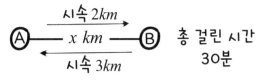

시속 2km

x km

시속 3km

총 걸린 시간
30분

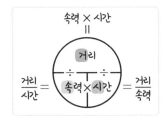

속력 × 시간
=
거리

$\dfrac{거리}{시간}$ = 속력 × 시간 = $\dfrac{거리}{속력}$

미지수 정하기 ① A에서 B까지의 거리 : x km

식 세우기 ② $\dfrac{x}{2}$ + $\dfrac{x}{3}$ = $\dfrac{1}{2}$ ⇨ 단위는 속력을 기준으로 맞춤

갈때 시간   올때 시간   총 시간

해 구하기 ③ $x = \dfrac{3}{5}$

정답 구하기 ④ $\dfrac{3}{5}$ km

활용 : 거리·속력·시간(2)

트랙이나 호수 돌기

〈a와 b가 만날 때〉

반대 방향

같은 방향

a와 b의 거리의 합
= 둘레의 길이

a와 b의 거리의 차
= 둘레의 길이

a 속력 : 분속 $20m$
b 속력 : 분속 $30m$
호수 둘레 : $2km$
걸린 시간 : x 분

반대 방향으로
돌 때
$20x + 30x$
$= 2000$
$= $ 거리

터널을 완전히 통과하기

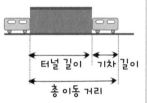

터널 길이 · 기차 길이

총 이동 거리

터널 길이 : $800m$
기차 속력 : **분속** $1200m$
터널 통과 시간 : 50초 $= \dfrac{5}{6}$ **분**
기차 길이 : x m

시간 $= \dfrac{800 + x}{1200} = \dfrac{5}{6}$

강물과 배의 속력

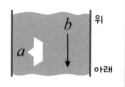

위

아래

정지한 물에서 배의 속력 : a

강물의 속력 : b

강을 올라갈 때 배의 속력
$= a - b$

강을 내려올 때 배의 속력
$= a + b$

활용 : 원가와 정가

정가 = 원가 + 원가의 $x\%$
　　　　　　　　　이익

(예) 원가 a 원인 상품에 20%의 이익을 붙인 정가 구하기

$$a + \boxed{a \times \frac{20}{100}} = a(1 + \frac{20}{100}) = \frac{120}{100}a = \frac{6}{5}a$$

할인가 = 정가 - 정가의 $x\%$
　　　　　　　　　할인금액

(예) 정가 b 원인 상품의 30%할인된 금액 구하기

$$b - \boxed{b \times \frac{30}{100}} = b(1 - \frac{30}{100}) = \frac{70}{100}b = \frac{7}{10}b$$

알아두기

총매출
= 1개 가격 × 개수

이익
= 판매 가격 - 원가

거스름돈
= 낸 돈 - 물건 가격

36

활용 : 소금물의 농도

5%의 소금물 200g을 2%로 만들기 위해
넣어야 할 물의 양 구하기

소금물의 농도(%)

$$\frac{\text{소금의 양}}{\text{소금물의 양}} \times 100$$

<u>미지수 정하기</u> ①
(그림 그리기)

$$\boxed{\frac{5\%}{200g}} + \boxed{\frac{0\%}{xg}} = \boxed{\frac{2\%}{(200+x)g}}$$

<u>식 세우기</u> ② $200 \times \dfrac{5}{100} + x \times \dfrac{0}{100} = (200+x) \times \dfrac{2}{100}$

*양변에 100을 곱해서 풀면 쉬움

<u>해 구하기</u> ③ $x = 300$

<u>정답 구하기</u> ④ $300g$

소금의 양(g)

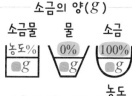

소금의 양 $= ●g \times \dfrac{\text{농도}}{100}$

*소금물에 물을 더 넣거나
증발시켜도 소금의 양은
변하지 않는다

활용 : 증가와 감소

작년 총 학생수가 800명인 A중학교에서
올해는 남학생 5%증가, 여학생 10%감소하여
총 20명 감소했을 때
올해의 남학생 수와 여학생 수 구하기

x의 a% 증가 $\Rightarrow$ $+\dfrac{a}{100}x$

x의 b% 감소 $\Rightarrow$ $-\dfrac{b}{100}x$

미지수 정하기 ① 작년 남학생 x명
작년 여학생 $(800-x)$명 $\Rightarrow$ 올해 남,녀를 미지수로 놓으면 안됨

식 세우기 ② $\dfrac{5}{100}x - \dfrac{10}{100}(800-x) = -20$ $\Rightarrow$ 우변을 780으로 하면 안됨

남 5% 증가   여 10% 감소   총 20명 감소

해 구하기 ③ $x=400$ $\Rightarrow$ ①에서 x는 작년 남학생이므로 정답이 아님

정답 구하기 ④ 올해 남학생 $400+20=420$명
올해 여학생 $400-40=360$명

활용 : 여러 가지 활용 문제

연속하는 세 정수

$x-1$, x, $x+1$

*연속하는 세 짝수, 홀수
$x-2$, x, $x+2$

나이에 대한 문제

x년 후의 나이
= 현재 나이 $+x$

과부족에 대한 문제

사람수를 x **명으로 놓고**
물건의 개수가 같음을
이용해서 식을 세움

자릿수에 대한 문제

십의 자리 숫자 a,
일의 자리 숫자 b인 자연수
⇨ $10a+b$
*각 자리의 숫자를 바꾼 수
⇨ $10b+a$

일에 대한 문제

전체 일의 양 $=1$
단위 시간동안 할 수 있는
일의 양을
x로 놓고 식을 세움

지수법칙

m, n 이 자연수일 때

① $a^m \times a^n = a^{m+n}$

    * $a^m \times a^n \neq a^{m \times n}$

    $a^m + a^n \neq a^{m+n}$

② $(a^m)^n = a^{mn} = (a^n)^m$

    $(ab)^m = a^m b^m$

    $(\dfrac{a}{b})^m = \dfrac{a^m}{b^m}$ (단, $b \neq 0$)

    * $(a^m)^n \neq a^{m^n}$

③ $a \neq 0$ 일 때

    $m > n \Rightarrow a^m \div a^n = a^{m-n}$

    $m = n \Rightarrow a^m \div a^n = 1 \ (a^0 = 1)$

    $m < n \Rightarrow a^m \div a^n = \dfrac{1}{a^{n-m}} \ (\because a^{-1} = \dfrac{1}{a})$

    * $a^m \div a^m \neq 0$

    $a^m \div a^m \neq a^{m \div n}$

다항식의 혼합계산

$2a(a+3) + (a^5b^3 - 5a^4b^3) \div (ab)^3$

$= 2a(a+3) + (a^5b^3 - 5a^4b^3) \div a^3b^3$ 거듭제곱을 먼저 계산 (지수법칙 이용)

곱셈과 나눗셈 계산 (분배법칙 이용)

$= 2a^2 + 6a + a^2 - 5a$

동류항끼리 덧셈, 뺄셈 계산

$= 3a^2 + a$

*괄호는 (소괄호) ⇨ {중괄호} ⇨ [대괄호]의 순서로 푼다

부등식의 성질

부등식 부등호를 이용하여 수 또는 식의 대소관계를 나타낸 식

$a > b$	$a < b$	$a \geq b$	$a \leq b$
a는 b보다 크다	a는 b보다 작다	a는 b보다 크거나 같다 (=작지 않다)	a는 b보다 작거나 같다 (=크지 않다)
초과	미만	이상	이하

부등식의 성질

① 양변에 같은 수를 더하거나 빼도 부등호의 방향은 바뀌지 않는다	② 양변에 같은 양수를 곱하거나 나누어도 부등호의 방향은 바뀌지 않는다	③ 양변에 같은 음수를 곱하거나 나누면 부등호의 방향은 바뀐다
$a > b \Rightarrow \begin{array}{l} a+c > b+c \\ a-c > b-c \end{array}$	$\begin{array}{l} a > b \\ c > 0 \end{array} \Rightarrow \begin{array}{l} a \times c > b \times c \\ a \div c > b \div c \end{array}$	$\begin{array}{l} a > b \Rightarrow a \times c < b \times c \\ c < 0 \qquad\ a \div c < b \div c \end{array}$

일차부등식

일차부등식 부등식의 모든 항을 좌변으로 이항 하여 정리했을 때
다음 중 어느 한 가지 꼴이 되는 부등식

(일차식) > 0, (일차식) < 0, (일차식) ≥ 0, (일차식) ≤ 0

일차부등식의 풀이

① 문자 x를 포함한 항은 좌변,
상수항은 우변으로 이항 한다

② 동류항을 정리하여 $ax > b$,
$ax < b$, $ax \geq b$, $ax \leq b$
(단, $a \neq 0$)의 꼴로 고친다

③ 양변을 x의 계수 a로 나누어
x범위를 구한다

  * $a < 0$ 이면 부등호 방향을 바꿈

부등식의 해와 수직선

① $x > a$

② $x < a$

③ $x \geq a$

④ $x \leq a$

연립일차방정식의 풀이 : 가감법

가감법 한 미지수를 없애기 위해 두 일차방정식을 각 변끼리
더하거나 빼서 해를 구하는 방법

$$\begin{cases} 3x - 2y = 5 \dots ① \\ 2x + y = 1 \dots ② \end{cases}$$

y를 없애기 위해 ②의 양변에 2를 곱함 ⇨ 없애려는 미지수의 계수의 절댓값이 같아지도록 각 방정식의 양변에 적당한 수를 곱함

$$\begin{array}{r} 3x - 2y = 5 \\ +) \ 4x + 2y = 2 \\ \hline 7x \quad\quad = 7 \end{array}$$

$\therefore x = 1$

두 식을 더해서 y를 없애고 x 값을 구함 ⇨ 없애려는 미지수의 계수의 부호가 다르면 더하고 부호가 같으면 뺌

$$2 + y = 1$$
$$\therefore y = -1$$

x 값을 ②에 대입하여 y 값을 구함 ⇨ ①과 ② 중에 간단한 식에 대입함

44

연립일차방정식의 풀이 : 대입법

대입법 한 방정식을 다른 방정식에 대입하여 해를 구하는 방법

$$\begin{cases} x + 3y = 2 \dots ⑦ \\ x - y = -2 \dots ⓒ \end{cases}$$

ⓒ에서
y를 x에 대한
식으로 나타냄 ⇨ 계수가 1인 미지수에 대한 식으로
정리하는 것이 편리함

$x + 3y = 2$

$y = x + 2 \dots ⓒ$

ⓒ을 ⑦에 대입하여 ⇨ 식을 대입할때는
x 값을 구함　　괄호를 사용함

$x + 3(x + 2) = 2$

$\therefore x = -1$

x 값을 ⓒ에 대입하여
y 값을 구함

$y = -1 + 2$

$\therefore y = 1$

45

특수한 해를 갖는 연립방정식

$$\begin{cases} ax + by + c = 0 \\ a'x + b'y + c' = 0 \end{cases}$$ 에 대하여

(단, a, b, c, a', b', c'은 모두 0이 아님)

① 두 방정식을 변형하여 x, y의 계수, 상수항이 같아질 때

$$\frac{a}{a'} = \frac{b}{b'} = \frac{c}{c'} \quad \Rightarrow \quad \text{해가 무수히 많다}$$

② 두 방정식을 변형하여 x, y의 계수는 같고, 상수항만 다를 때

$$\frac{a}{a'} = \frac{b}{b'} \neq \frac{c}{c'} \quad \Rightarrow \quad \text{해가 없다}$$

곱셈공식

다항식의 곱셈

$$(a+b)(c+d) = \underset{①}{ac} + \underset{②}{ad} + \underset{③}{bc} + \underset{④}{bd}$$

곱셈공식

완전제곱식	$(a+b)^2 = a^2 + 2ab + b^2$ $(a-b)^2 = a^2 - 2ab + b^2$ 곱의 2배 곱의 2배
합차공식	$(a+b)(a-b) = a^2 - b^2$ 합 차 제곱의 차

곱셈공식의 변형

곱셈공식의 변형(1)

$$a^2 + b^2 = (a+b)^2 - 2ab \qquad a^2 + b^2 = (a-b)^2 + 2ab$$

$$(a+b)^2 = (a-b)^2 + 4ab \qquad (a-b)^2 = (a+b)^2 - 4ab$$

곱셈공식의 변형(2)

$$a^2 + \frac{1}{a^2} = (a+\frac{1}{a})^2 - 2 \qquad a^2 + \frac{1}{a^2} = (a-\frac{1}{a})^2 + 2$$

$$(a+\frac{1}{a})^2 = (a-\frac{1}{a})^2 + 4 \qquad (a-\frac{1}{a})^2 = (a+\frac{1}{a})^2 - 4$$

곱셈공식의 활용

곱셈공식을 이용한 식의 값 구하기

$x = 1 + \sqrt{3}$ 일 때, $x^2 - 2x$ 의 값 구하기

$x = 1 + \sqrt{3}$ $\xrightarrow[\text{이항}]{}$ $x - 1 = \sqrt{3}$ $\xrightarrow[\text{양변제곱}]{}$ $x^2 - 2x + 1 = 3$

$\therefore x^2 - 2x = 2$

치환을 이용한 식의 전개

$(x + y + 2)(x + y - 2)$ $x + y = A$ 로 치환

$= (A + 2)(A - 2)$

곱셈공식으로 전개

$= A^2 - 4$

A 에 다시 $x + y$ 대입

$= (x + y)^2 - 4$

곱셈공식으로 전개

$= x^2 + 2xy + y^2 - 4$

> 치환
> 공통부분을
> 한 문자로
> 바꾸는 것

인수분해

인수분해 하나의 다항식을 두 개 이상의 인수의 곱으로 나타내는 것

$$x^2 + 5x + 6 \xrightarrow[\text{전개}]{\text{인수분해}} (x+2)(x+3)$$

인수

인수분해의 기본

공통인수로 묶기(분배법칙 이용)

$$ax + ay = a(x + y)$$

공통인수

> *곱셈공식의
> 좌변과 우변을 바꾸면
> 인수분해 공식을 얻을 수 있음

인수분해공식

완전제곱식	$a^2 + 2ab + b^2 = (a+b)^2 \qquad a^2 - 2ab + b^2 = (a-b)^2$
합차공식	$a^2 - b^2 = (a+b)(a-b)$
크로스공식	$acx^2 + (ad+bc)x + bd = (ax+b)(cx+d)$

크로스공식 그림:

$$ax \times cx$$
$$ax \to b \to bc$$
$$cx \to d \to +\underline{)\ ad}$$
$$ad + bc$$

*공통인수가 있으면 먼저 공통인수로 묶은 다음 공식을 이용함

인수분해의 활용

치환을 이용한 다항식의 인수분해

$(a+b)^2 + 4(a+b) + 3$ — $a+b = A$ 로 치환

$= A^2 + 4A + 3$
$= (A+1)(A+3)$ — 인수분해(크로스공식)
$= (a+b+1)(a+b+3)$ — A 에 다시 $a+b$ 를 대입

항이 4개인 다항식의 인수분해

① $ab + a - b - 1$ — 공통인수 만들기

$= a(b+1) - (b+1)$

$= (b+1)(a-1)$ — 공통인수로 묶기

② $a^2 - b^2 + 2a + 1$ — 완전제곱식 찾기

$= (a^2 + 2a + 1) - b^2$

$= (a+1)^2 - b^2$

$= (a+1+b)(a+1-b)$ — 인수분해 (합차공식)

이차방정식의 풀이 : 인수분해 이용

이차방정식 등식의 모든 항을 좌변으로 이항 하여 정리했을 때
$(x$에 대한 이차식$) = 0$의 꼴로 나타내는 방정식

이차방정식의 풀이

① 이차방정식의 모든 항을 좌변으로 이항함
② 좌변을 인수분해 함
③ $AB = 0$의 성질($A = 0$ 또는 $B = 0$)을 이용해 해를 구함

*이차방정식의 두 해가 중복되어 같을 때, 이 해를 중근이라 함

(예1) $x^2 - 3x + 2 = 0$
$(x-1)(x-2) = 0$
$\therefore x = 1$ 또는 $x = 2$

(예2) $x^2 + 2x + 1 = 0$
$(x+1)(x+1) = (x+1)^2 = 0$
$\therefore x = -1$(중근)

이차방정식의 풀이 : 완전제곱식 이용

이차방정식 $ax^2 + bx + c = 0$ 의 좌변을 인수분해하기 어려운 경우

$2x^2 - 8x - 12 = 0$

양변을 x^2의 계수 2로 나눔
(이차항의 계수를 1로 만듦)

$x^2 - 4x - 6 = 0$

상수항을 우변으로 이항

$x^2 - 4x = 6$

좌변을 완전제곱식으로 만듦
4를 양변에 더함

$x^2 - 4x + 4 = 6 + 4$

좌변을 완전제곱식으로 만듦

$(x-2)^2 = 10$

제곱근을 이용하여 해를 구함

$x - 2 = \pm\sqrt{10}$

$x = 2 \pm \sqrt{10}$

이차방정식
$x^2 + ax + b = 0$이
중근을 가질 조건

$\Rightarrow x^2 + ax + b$가
완전제곱식

$\Rightarrow b = \left(\dfrac{a}{2}\right)^2$

$a = \pm 2\sqrt{b}$

근의 공식과 판별식

근의 공식 $ax^2 + bx + c = 0$ (단, $a \neq 0$) 의 해를 구하는 공식

$$x = \frac{-b \pm \sqrt{b^2 - 4ac}}{2a} \quad (단, b^2 - 4ac \geq 0)$$

*짝수 공식 (일차항의 계수가 짝수일 때! $b' = \dfrac{b}{2}$)

$$x = \frac{-b' \pm \sqrt{b'^2 - ac}}{a} \quad (단, b^2 - ac \geq 0)$$

판별식

$b^2 - 4ac$

$(b'^2 - ac)$

이차방정식의 근의 개수

$b^2 - 4ac > 0$ ⇨ 서로 다른 근 **2**개

$b^2 - 4ac = 0$ ⇨ 중근 **1**개

$b^2 - 4ac < 0$ ⇨ 근이 없음 **0**개

근을 가질 조건 $b^2 - 4ac \geq 0$

근과 계수의 관계

이차방정식의 근과 계수의 관계

$ax^2 + bx + c = 0$ (단, $a \neq 0$)에서

두 근의 합 $\Rightarrow -\dfrac{b}{a}$, 두 근의 곱 $\Rightarrow \dfrac{c}{a}$

이차방정식 구하기

① 두 근이 α, β이고 x^2의 계수가 a인 이차방정식

$\Rightarrow a(x-\alpha)(x-\beta) = 0$, $a\{x^2 - \underbrace{(\alpha+\beta)}_{\text{두 근의 합}}x + \underbrace{\alpha\beta}_{\text{두 근의 곱}}\} = 0$

② 중근이 α이고 x^2의 계수가 a인 이차방정식

$\Rightarrow a(x-\alpha)^2 = 0$, $a(x^2 - 2\alpha x + \alpha^2) = 0$

중학수학

함수

part

3

수포의공식집

Part3
중학수학〈함수〉

좌표평면과 그래프

좌표평면과 점의 좌표

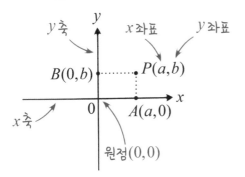

* x축 위의 점의 좌표 ⇨ (▲, 0)
  y축 위의 점의 좌표 ⇨ (0, ■)

사분면

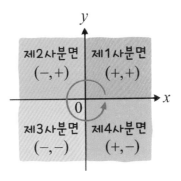

*좌표축 위의 점은
 어느 사분면에도 속하지 않음

59

점의 위치와 대칭

점의 위치 찾기

$a > b$, $ab < 0$ 일 때
$(b, a-b)$가 위치한 사분면은?

$ab < 0 \Rightarrow a$, b 의 부호가 다름
$a > b \Rightarrow a > 0$, $b < 0$
$\Rightarrow a - b > 0$

$(b, a-b) \Rightarrow (-, +)$
∴ 제 2사분면 위에 있음

점의 대칭

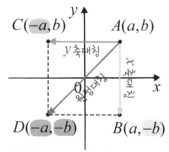

x축 대칭 $\Rightarrow y$ 좌표의 부호를 바꿈
y축 대칭 $\Rightarrow x$ 좌표의 부호를 바꿈
원점 대칭 $\Rightarrow x$, y 좌표의 부호를 바꿈

정비례와 그래프

정비례 변수 x의 값이 2배, 3배, 4배...가 될 때
　　　　변수 y의 값도 2배, 3배, 4배...가 되는 관계

정비례 $y = ax$의 그래프

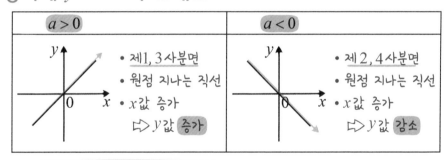

$a > 0$	$a < 0$
• 제1, 3사분면 • 원점 지나는 직선 • x값 증가 　⟹ y값 증가	• 제2, 4사분면 • 원점 지나는 직선 • x값 증가 　⟹ y값 감소

* a의 절댓값이 클수록 y축에 가까움

반비례와 그래프

반비례 변수 x의 값이 2배, 3배, 4배...가 될때
변수 y의 값 $\frac{1}{2}$배, $\frac{1}{3}$배, $\frac{1}{4}$배...가 되는 관계

정비례 $y = \dfrac{a}{x}$ 의 그래프

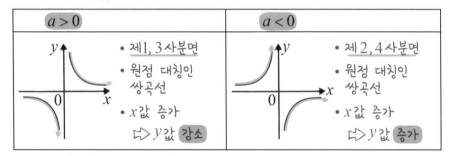

$a > 0$	$a < 0$

• 제1, 3사분면
• 원점 대칭인
  쌍곡선
• x값 증가
  ⇨ y값 감소
	• 제2, 4사분면
	• 원점 대칭인
	  쌍곡선
	• x값 증가
	  ⇨ y값 증가

＊a의 절댓값이 클수록 원점에서 멀어짐

함수와 함숫값

함수 두 변수 x, y에 대하여 x값에 따라 y값이
하나로 정해지는 관계가 있을 때,
y를 x의 함수라고 한다

함숫값 함수에서 x값에 따라 하나씩 정해지는
y의 값을 x에서 함숫값이라 한다

$$y = f(x)$$

* $f(a) = b$ ⇨ x에 a를 대입하면 y값은 b가 됨

┌───┐
$f(x) = ax$에서 $f(-1) = 5$일 때 a값 구하기
$f(-1) = -a = 5$ ⇨ $a = -5$ ⇨ $f(x) = -5x$
└───┘

일차함수

일차함수 $y = ax + b$ (a, b는 상수, $a \neq 0$)

*주의 : $y = \dfrac{1}{x}$ 는 함수지만, 일차함수는 아님

일차함수의 그래프 $y = ax + b$

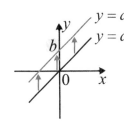

$$y = ax \xrightarrow[b \text{만큼 평행이동}]{y \text{축 방향으로}} y = ax + b$$

기울기와 절편

기울기

$$기울기 = \frac{y \text{값의 증가량}}{x \text{값의 증가량}}$$

x 절편과 y 절편

x 절편	y 절편
그래프가 x축과 만나는 점의 x좌표 ⇨ $y=0$일 때 x의 값	그래프가 y축과 만나는 점의 y좌표 ⇨ $x=0$일 때 y의 값

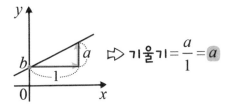

⇨ 기울기 $= \dfrac{a}{1} = a$

기울기

$$y = ax + b$$

$x=0$ 대입 ⇨ y 절편 $(0, b)$

$y=0$ 대입 ⇨ x 절편 $\left(-\dfrac{b}{a}, 0\right)$

일차함수의 그래프

$y = ax + b$ 의 그래프

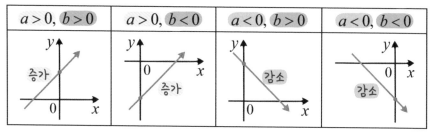

$a > 0,\ b > 0$	$a > 0,\ b < 0$	$a < 0,\ b > 0$	$a < 0,\ b < 0$
증가	증가	감소	감소

* a의 부호는 그래프 모양, b의 부호는 그래프가 y축과 만나는 부분 결정

평행과 일치

두 일차함수 $\begin{cases} y = ax + b \\ y = cx + d \end{cases}$ ⇨ $\boxed{a = c,\ b \neq d}$ ⇨ 평행

⇨ $\boxed{a = c,\ b = d}$ ⇨ 일치

일차함수의 식 구하기

두 점 $(1, -1)$, $(3, 5)$ 를 지나는 직선의 식 구하기

〈방법1〉 ① $\dfrac{5 - (-1)}{3 - 1} = \dfrac{6}{2} = 3$ ➩ 기울기 a의 값 구함

② $y = 3x + b \ \dots \ ⑦$

③ $-1 = 3 + b$ ➩ ⑦에 $(1, -1)$ 대입해서 b의 값 구함

$b = -4$

④ $y = 3x - 4$

〈방법2〉 ① $\begin{cases} -1 = a + b \ \dots \ ⑦ \\ 5 = 3a + b \ \dots \ ⓒ \end{cases}$ ➩ $y = ax + b$에 두 점 대입

② $a = 3$, $b = -4$ ➩ ⑦과 ⓒ을 연립하여 a, b값 구함

③ $y = 3x - 4$

일차함수와 일차방정식

일차함수와 일차방정식의 관계

$$ax + by + c = 0 \ (\text{단}, a \neq 0, \ b \neq 0) \longleftrightarrow y = -\frac{a}{b}x - \frac{c}{b}$$

일차방정식   일차함수

$x = p, \ y = q$의 그래프

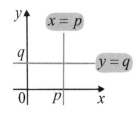

$x = p$	$y = q$
• y축에 평행한 직선	• x축에 평행한 직선
• 점 $(p, 0)$을 지남	• 점 $(0, q)$을 지남
• 함수가 아님	• 함수임

* x축의 방정식 ⇨ $y = 0$, y축의 방정식 ⇨ $x = 0$

연립방정식의 해와 일차함수

연립방정식 $\begin{cases} ax+by+c=0 \\ a'x+b'y+c'=0 \end{cases}$ 의 해 $=$ 두 일차함수 그래프의 교점의 좌표

$$x = p,\ y = q \qquad\qquad (p,\ q)$$

해가 한쌍	해가 없음	해가 무수히 많음
기울기 다름	기울기 같고, y절편 다름	기울기와 y절편 같음
한 점에서 만남	평행	일치

이차함수

이차함수 $y = ax^2 + bx + c$ $(a, b, c$ 는 상수, $a \neq 0)$

이차함수 $y = ax^2$의 그래프

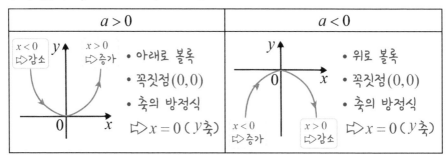

$a > 0$	$a < 0$
$x < 0$ ⇨감소 $x > 0$ ⇨증가 • 아래로 볼록 • 꼭짓점$(0, 0)$ • 축의 방정식 ⇨$x = 0$ (y축)	• 위로 볼록 • 꼭짓점$(0, 0)$ • 축의 방정식 $x < 0$ ⇨증가 $x > 0$ ⇨감소 ⇨$x = 0$ (y축)

* $y = ax^2$ 과 $y = -ax^2$ 은 x축에 대하여 서로 대칭 (단, $a \neq 0$)

* a의 절댓값이 클수록 그래프의 폭이 좁아짐

이차함수 $y = a(x-p)^2 + q$ **의 그래프**

$$y = ax^2 \xrightarrow[\text{평행이동}]{\substack{x \text{축 방향으로 } p \text{만큼} \\ y \text{축 방향으로 } q \text{만큼}}} y = a(x-p)^2 + q$$

꼭짓점 $(0, 0)$ 꼭짓점 (p, q)
축의 방정식 $x = 0$ (y축)   축의 방정식 $x = p$

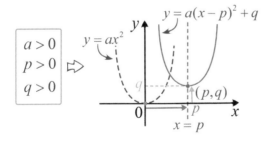

$a > 0$
$p > 0$
$q > 0$

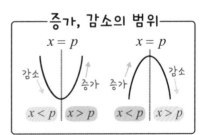

증가, 감소의 범위

이차함수의 일반형과 표준형

$$y = ax^2 + bx + c \ \text{(일반형)} \longrightarrow y = a(x-p)^2 + q \ \text{(표준형)}$$

y절편$(0, c)$

꼭짓점(p, q)

2022년 개정 교육과정
<이차함수의
최대값과 최솟값> 포함
139p 연결

일반형에서 표준형으로 고치기

$$y = -2x^2 + 4x + 1$$

$$= -2(x^2 - 2x) + 1 \quad \text{← } x^2 \text{의 계수로 이차항과 일차항 묶음}$$

$$= -2(x^2 - 2x + 1 - 1) + 1 \quad \text{← 괄호안에 } \left(\dfrac{x\text{의 계수}}{2}\right)^2 \text{을 더하고 뺌}$$

$$= -2(x^2 - 2x + 1) + 2 + 1 \quad \text{← 위에서 뺀 수를 괄호 밖으로 꺼냄}$$

$$= -2(x-1)^2 + 3 \quad \text{← 괄호를 완전제곱식으로 바꿈}$$

⇨ 축의 방정식 $x = 1$, 꼭짓점 좌표 $(1, 3)$

이차함수 $y = ax^2 + bx + c$ **에서** a, b, c **의 부호**

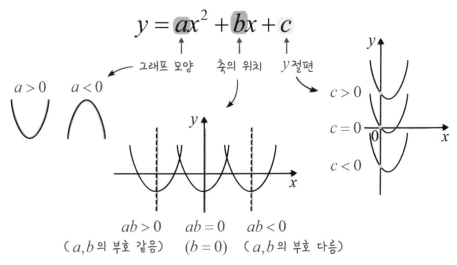

$$y = \boxed{a}x^2 + \boxed{b}x + \boxed{c}$$

그래프 모양   축의 위치 y절편

$a > 0$ $a < 0$

$c > 0$
$c = 0$
$c < 0$

$ab > 0$ $ab = 0$ $ab < 0$
(a, b의 부호 같음)   ($b = 0$)   (a, b의 부호 다름)

이차함수의 식 구하기

꼭짓점 좌표 (p,q)와 다른 한 점의 좌표를 알 때	축의 방정식 $x=p$와 서로 다른 두 점의 좌표를 알 때
$y=a(x-p)^2+q$ ⇨ 다른 한 점의 좌표를 대입해서 a의 값을 구함	$y=a(x-p)^2+q$ ⇨ 두 점의 좌표를 각각 대입 ⇨ 연립해서 a와 q의 값을 구함
서로 다른 세 점의 좌표를 알 때	x절편 $(\alpha,0),(\beta,0)$과 다른 한 점의 좌표를 알 때
$y=ax^2+bx+c$ ⇨ 세 점의 좌표를 각각 대입 ⇨ 연립해서 a,b,c의 값을 구함	$y=a(x-\alpha)(x-\beta)$ ⇨ 다른 한 점의 좌표를 대입해서 a의 값을 구함

중학수학
도형
part
4

수포의공식집

Part 4
중학수학 〈도형〉

기본도형

직선, 반직선, 선분

① A •————• B   **직선** $AB = \overleftrightarrow{AB} = \overleftrightarrow{BA}$

② A •————• B   **반직선** $AB = \overrightarrow{AB} \neq \overrightarrow{BA}$

*반직선이 같아질 조건 ▷ <mark>시작점</mark>과 <mark>방향</mark>

③ A •————• B   **선분** $AB = \overline{AB} = \overline{BA}$

> • 교점 ▷
> 선과 선 또는 면과 면이
> 만나서 생기는 점
>
> • 교선 ▷
> 면과 면이 만나서 생기는 선
>
> • 교각 ▷
> 서로 다른 두 직선이
> 한 점에서 만날 때 생기는
> 네 개의 각

맞꼭지각 교각 중 서로 마주보는 각

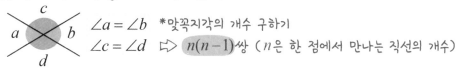

$\angle a = \angle b$ *맞꼭지각의 개수 구하기

$\angle c = \angle d$ ▷ <mark>$n(n-1)$</mark>쌍 (n 은 한 점에서 만나는 직선의 개수)

수직과 수선

직교

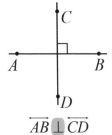

$\overleftrightarrow{AB} \perp \overleftrightarrow{CD}$

$\overleftrightarrow{AB}$와 $\overleftrightarrow{CD}$ 는 직교함

⇨ 수직

⇨ 한 직선은 다른
한 직선의 수선

수직이등분선

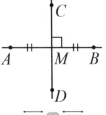

$\overleftrightarrow{AB} \perp \overleftrightarrow{CD}$

$\overline{AM} = \overline{BM}$

$\overleftrightarrow{CD}$ 는 $\overline{AB}$의 수직이등분선

점과 직선 사이의 거리

$\overline{CH}$ 의 길이

⇨ 점 C와 $\overleftrightarrow{AB}$사이의 거리

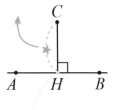

점 H ⇨ 수선의 발

위치 관계(1)

점과 직선

l —•— A

① 직선 위에 **있음**

l ——— •A

② 직선 위에 **있지 않음**

평면에서 두 직선

① **한 점에서 만남**

($l \perp m$ 포함)

② **평행**

($l /\!/ m$)

③ **일치**

($l = m$)

평면이 하나로 정해질 조건

① 한 직선 위에
있지 않은 세 점

② 한 직선과
그 직선 밖의 한 점

③ 한 점에서
만나는 두 직선

④ 평행한
두 직선

위치 관계(2)

공간에서 두 직선

① 한 점에서 만남
($l \perp m$ 포함)

② 평행
($l /\!/ m$)

③ 일치
($l = m$)

한 평면 위에 있음

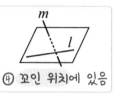

④ 꼬인 위치에 있음

한 평면 위에 있지 않음

공간에서 직선과 평면

① 한 점에서 만남
($l \perp P$ 포함)

② 평행
($l /\!/ P$)

③ 직선이 평면에
포함

공간에서 평면과 평면

 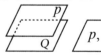 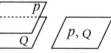

① 한 직선에서 만남
($P \perp Q$ 포함)

② 평행
($P /\!/ Q$)

③ 일치
($P = Q$)

평행선의 성질

한 평면에서 서로 다른 두 직선이 다른 한 직선과 만날 때

동위각

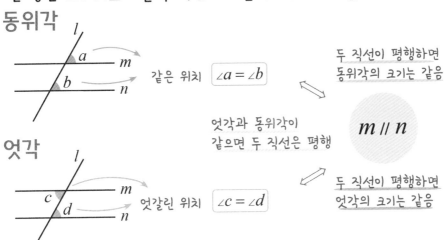

같은 위치 $\boxed{\angle a = \angle b}$

두 직선이 평행하면
동위각의 크기는 같음

엇각과 동위각이
같으면 두 직선은 평행

$m \,/\!/\, n$

엇각

엇갈린 위치 $\boxed{\angle c = \angle d}$

두 직선이 평행하면
엇각의 크기는 같음

삼각형의 작도와 합동

삼각형이 하나로 정해질 조건

① **세 변의 길이가 주어질 때**   (다른 두 변 길이의 차)<(한 변의 길이)<(다른 두 변 길이의 합)

　⇨ 세 변의 길이의 조건이 맞아야 함

② **두 변의 길이와 끼인각의 크기가 주어질 때**

　⇨ 끼인각이 아닌 경우 삼각형이 0개, 1개 또는 2개로 정해짐

③ **한 변의 길이와 양끝각의 크기가 주어질 때** ⇨ 양끝각의 합 <180°

　* 세 각의 크기가 주어질 때 ⇨ 무수히 많음

삼각형의 합동조건

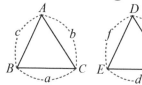

$\triangle ABC \equiv \triangle DEF$

① $\overline{AB} = \overline{DE}$, $\overline{BC} = \overline{EF}$, $\overline{AC} = \overline{DF}$ ⇨ **SSS 합동**

② $\overline{AB} = \overline{DE}$, $\angle A = \angle D$, $\overline{AC} = \overline{DF}$ ⇨ **SAS 합동**

③ $\angle B = \angle E$, $\overline{BC} = \overline{EF}$, $\angle C = \angle F$ ⇨ **ASA 합동**

다각형

내각과 외각

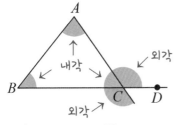

↑
내각
↙   외각 ↗
외각 ↗

내각의 크기 + 외각의 크기 $= 180°$

$$\angle A + \angle B = \angle ACD$$

다각형의 대각선

① n 각형의 한 꼭짓점에서
   그을 수 있는 대각선 개수 ⇨ $(n-3)$ 개

② n 각형의 대각선 총 개수 ⇨ $\dfrac{n(n-3)}{2}$ 개

다각형의 내각과 외각의 크기

① n 각형의 한 꼭짓점에서 대각선을
   그었을 때 생기는 삼각형 개수 ⇨ $(n-2)$ 개

② n 각형의 내각의 크기의 합 ⇨ $180° \times (n-2)$

③ n 각형의 외각의 크기의 합 ⇨ $360°$

④ 정 n 각형의 한 내각의 크기 ⇨ $\dfrac{180° \times (n-2)}{n}$

⑤ 정 n 각형의 한 외각의 크기 ⇨ $\dfrac{360°}{n}$

원과 부채꼴

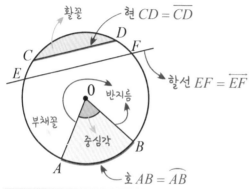

활꼴

현 $CD = \overline{CD}$

할선 $EF = \overleftrightarrow{EF}$

반지름

부채꼴

중심각

호 $AB = \overarc{AB}$

| 호의 길이 부채꼴의 넓이 | ⇨ | 중심각의 크기에 정비례 함 |

| 현의 길이 | ⇨ | 중심각의 크기에 정비례 하지 않음 |

원주율 : π 반지름 : r

원의 둘레의 길이 $= 2\pi r$

원의 넓이 $= \pi r^2$

부채꼴의 호의 길이

$$l = 2\pi r \times \frac{x}{360}$$

부채꼴의 넓이

$$S = \pi r^2 \times \frac{x}{360}$$

$$S = \frac{1}{2}rl$$

정다면체

정다면체 ① 모든 면이 합동인 정다각형이고

② 각 꼭짓점에 모인 면의 개수가 같은 다면체

*두가지 조건을 모두 만족해야 함

*정다면체는 오직 5가지뿐인데, 그 이유는 다음과 같음

① 입체도형은 한 꼭짓점에서 3개 이상의 면이 모여야 하고

② 한 꼭짓점에 모인 각의 크기의 합이 360°보다 작아야 함

정삼각형			정사각형	정오각형
정사면체	정팔면체	정이십면체	정육면체	정십이면체
120°	240°	300°	270°	324°

정다면체의 종류

	정사면체	정육면체	정팔면체	정십이면체	정이십면체
전개도					
면의 모양	정삼각형	정사각형	정삼각형	정오각형	정삼각형
한 꼭짓점에 모인 면의 개수	③	③	④	③	⑤
면의 개수	4	6	8	12	20
꼭짓점의 개수	4	8	6	20	12
모서리의 개수	6	12	12	30	30

입체도형의 겉넓이와 부피(1)

n각기둥의 겉넓이와 부피

$S =$ 밑넓이 $\times 2 +$ 옆넓이

 n개의 **직사각형** 넓이의 합

 = 밑면의 둘레 $\times$ 높이

$V =$ 밑넓이 $\times$ 높이

n각뿔의 겉넓이와 부피

$S =$ 밑넓이 $+$ 옆넓이

 n개의 **삼각형** 넓이의 합

$V = \dfrac{1}{3} \times$ 밑넓이 $\times$ 높이

> *밑넓이와 높이가 같을 때 ⇨ 각뿔의 부피 = 각기둥의 부피 $\times \dfrac{1}{3}$

n각뿔대의 겉넓이와 부피

$S =$ 두 밑넓이의 합 $+$ 옆넓이

 n개의 **사다리꼴** 넓이의 합

$V =$ 자르기 전 뿔의 부피 $-$ 잘라낸 뿔의 부피

구의 겉넓이와 부피

반지름: r

$S = 4\pi r^2$ $\qquad V = \dfrac{4}{3}\pi r^3$

입체도형의 겉넓이와 부피(2)

원기둥의 겉넓이와 부피

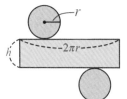

$$S = \underbrace{\pi r^2 \times 2}_{\text{밑넓이}} + \underbrace{2\pi rh}_{\text{옆넓이}}$$

$$V = \pi r^2 h$$

원뿔의 겉넓이와 부피

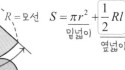

$R = $ 모선

$$S = \underbrace{\pi r^2}_{\text{밑넓이}} + \underbrace{\frac{1}{2}Rl}_{\text{옆넓이}}$$

$l = 2\pi r$

$$V = \frac{1}{3}\pi r^2 \underbrace{h}_{\text{원뿔의 높이}}$$

원뿔대의 겉넓이와 부피

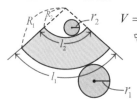

$$V = \underbrace{\pi r_1^2}_{\text{밑넓이}_1} + \underbrace{\pi r_2^2}_{\text{밑넓이}_2} + \underbrace{\left(\frac{1}{2}R_1 l_1 - \frac{1}{2}R_2 l_2\right)}_{\text{옆넓이}}$$

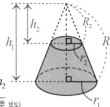

$$V = \underbrace{\frac{1}{3}\pi r_1^2 h_1}_{\text{자르기 전 원뿔 부피}} - \underbrace{\frac{1}{3}\pi r_2^2 h_2}_{\text{잘라낸 원뿔 부피}}$$

이등변 삼각형과 직각삼각형

이등변삼각형

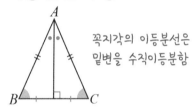

꼭지각의 이등분선은
밑변을 수직이등분함

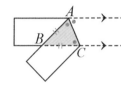

$\angle BAC = \angle DAC$ (접은각)
$\angle DAC = \angle BCA$ (엇각)
⇨ $\angle BAC = \angle BCA$
⇨ $\triangle ABC$ 는 이등변삼각형

직각삼각형의 합동조건

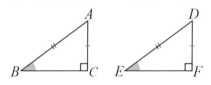

$\triangle ABC \equiv \triangle DEF$

$\angle C = \angle F = 90^\circ(R)$, $\overline{AB} = \overline{DE}(H)$

① $\angle B = \angle E(A)$ ② $\overline{AC} = \overline{DF}(S)$

⇨ RHA 합동   ⇨ RHS 합동

삼각형의 외심

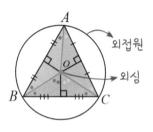

외접원

외심

삼각형의 외심(O) 세 변의 수직이등분선의 교점

① 외심에서 세 꼭짓점에 이르는 거리가 같음

⇨ 외접원의 반지름 $(\overline{OA} = \overline{OB} = \overline{OC})$

② △OAB, △OBC, △OCA 는 이등변삼각형

③ ●+●+○ = 90°, ∠BOC = 2∠A

외심의 위치

예각삼각형

⇨ 삼각형의 내부

직각삼각형

⇨ 빗변의 중심

둔각삼각형

⇨ 삼각형의 외부

삼각형의 내심

삼각형의 내심(Ⅰ) 세 각의 이등분선의 교점

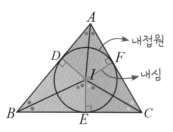

내접원
내심

① 내심에서 세 변에 이르는 거리가 같음

⇨ 내접원의 반지름 ($\overline{ID} = \overline{IE} = \overline{IF}$)

② ● + ● + ○ = 90°, $\angle BIC = 90° + \dfrac{1}{2}\angle A$

③ $\triangle ADI \equiv \triangle AFI$, $\triangle BEI \equiv \triangle BDI$, $\triangle DEI \equiv \triangle CFI$

삼각형의 내심의 활용

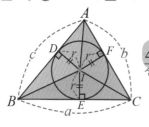

$$\triangle ABC = \dfrac{1}{2}r(a+b+c)$$

삼각형 넓이   삼각형 둘레

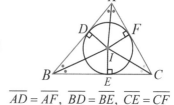

$\overline{AD} = \overline{AF}$, $\overline{BD} = \overline{BE}$, $\overline{CE} = \overline{CF}$

평행사변형이 되는 조건

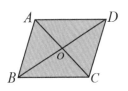

① 두 쌍의 대변이 평행하다 ($\overline{AB} \parallel \overline{CD}, \overline{AD} \parallel \overline{BC}$)

② 두 쌍의 대변의 길이가 같다 ($\overline{AB} = \overline{CD}, \overline{AD} = \overline{BC}$)

③ 두 쌍의 대각의 크기가 같다 ($\angle A = \angle C, \angle B = \angle D$)

④ 두 대각선이 서로 이등분한다 ($\overline{AO} = \overline{CO}, \overline{BO} = \overline{DO}$)

⑤ 한 쌍의 대변이 평행하고 그 길이가 같다 ($\overline{AB} \parallel \overline{CD}, \overline{AB} = \overline{CD}$)

여러가지 사각형 사이의 관계

사각형	평행사변형	마름모	직사각형	정사각형	등변사다리꼴

여러 가지 사각형

여러 가지 사각형 사이의 관계

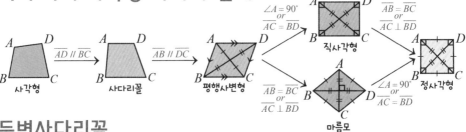

$\angle A = 90°$ or $\overline{AC} = \overline{BD}$ 직사각형

$\overline{AB} = \overline{BC}$ or $\overline{AC} \perp \overline{BD}$

$\overline{AB} = \overline{BC}$ or $\overline{AC} \perp \overline{BD}$ 마름모

$\angle A = 90°$ or $\overline{AC} = \overline{BD}$ 정사각형

$\overline{AD} // \overline{BC}$ 사각형

$\overline{AD} // \overline{BC}$ 사다리꼴

$\overline{AB} // \overline{DC}$ 평행사변형

등변사다리꼴

아랫변의 두 밑각의 크기가 같은 사다리꼴

① $\overline{AD} // \overline{BC}$, $\overline{AB} = \overline{DC}$
② $\angle A + \angle B = \angle C + \angle D = 180°$
③ $\overline{AC} = \overline{BD}$

사각형
사다리꼴
평행사변형
직사각형   마름모
정사각형

평행선과 삼각형의 넓이

평행선과 삼각형의 넓이

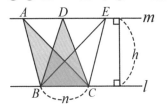

주의!!!

=	넓이 같음
≡	합동

$l \, /\!/ \, m$ 일 때

$$\triangle ABC = \triangle DBC = \triangle EBC = \frac{1}{2}nh$$

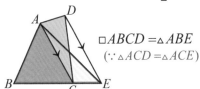

□ABCD = △ABE
(∵ △ACD = △ACE)

높이가 같은 삼각형 넓이의 비

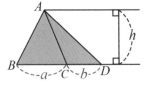

$$\triangle ABC : \triangle ACD = a : b$$

$\triangle ABC = 48$, $\overline{AE} = \overline{EC}$,

$\overline{BC} : \overline{CD} = 1 : 3$ 일 때

△CDE 의 넓이 구하기

$\overline{AC}$ 로 자르기 ▷ $\overline{ED}$ 로 자르기

$$\triangle CDE = 48 \times \frac{3}{4} \times \boxed{\frac{1}{2}} = 18$$

도형의 닮음

도형의 닮음

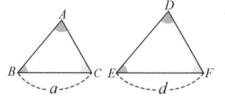

$\triangle ABC \backsim \triangle DEF$

① $\overline{AB}:\overline{DE} = \overline{BC}:\overline{EF} = \overline{CA}:\overline{FD}$ ⇨ SSS 닮음

② $\overline{AB}:\overline{DE} = \overline{BC}:\overline{EF}, \angle B = \angle E$ ⇨ SAS 닮음

③ $\angle A = \angle D, \angle B = \angle E$ ⇨ AA 닮음

직각삼각형의 닮음

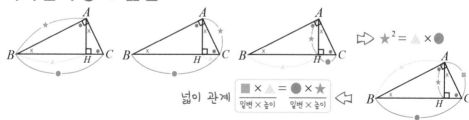

⇨ $\bigstar^2 = \blacktriangle \times \bullet$

넓이 관계 $\dfrac{\blacksquare \times \blacktriangle}{\text{밑변} \times \text{높이}} = \dfrac{\bullet \times \bigstar}{\text{밑변} \times \text{높이}}$ ⇦

닮음의 활용

닮음에서 넓이와 비와 부피의 비

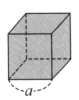 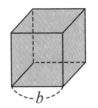

닮음비 $= a : b$ (길이의 비)

⇨ 겉넓이의 비 $= a^2 : b^2$

⇨ 부피의 비 $= a^3 : b^3$

축척 축도에서 실제 도형을 줄인 비율

$$축척 = \frac{축도에서의 길이}{실제 길이}$$

(예) $1 : 50000$ or $\dfrac{1}{50000}$

⇨ 닮음비를 나타냄

단위의 관계

$1m = 100cm$ $1km = 1000m$

$1m^2 = 100\ 00cm^2$ $1km^2 = 1000\ 000m^2$

$1m^3 = 100\ 00\ 00cm^3$ $1km^3 = 1000\ 000\ 000m^3$

평행선 사이의 선분의 길이의 비(1)

중점 연결 정리

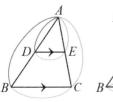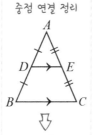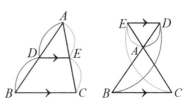

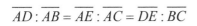

$$\overline{AD} : \overline{AB} = \overline{AE} : \overline{AC} = \overline{DE} : \overline{BC}$$

$$\overline{DE} = \frac{1}{2}\overline{BC}$$

$$\overline{AD} : \overline{DB} = \overline{AE} : \overline{EC}$$

삼각형의 각의 이등분선

$$\overline{AB} : \overline{AC} = \overline{BD} : \overline{CD}$$

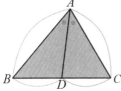

평행선 사이의 선분의 길이의 비(2)

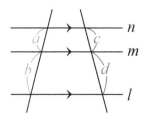 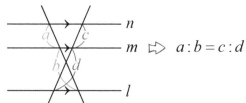

$$a : b = c : d$$

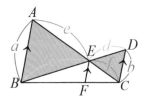

$$a : b = c : d = e : f$$

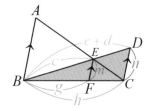

$$c : (c+d) = g : h = m : n$$

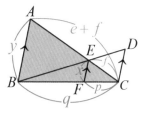

$$f : (e+f) = p : q = x : y$$

삼각형의 무게중심

삼각형의 무게중심 삼각형의 세 **중선**의 교점

삼각형의 한 꼭짓점과
대변의 중점을 이은 선분

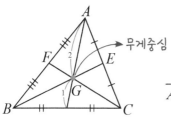

무게중심

$$\overline{AG}:\overline{GD} = \overline{CG}:\overline{GF} = \overline{BG}:\overline{GE} = 2:1$$

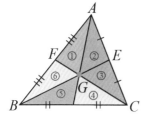

삼각형의 6개의 넓이가 모두 같음

$$\Rightarrow ① = ② = ③ = ④ = ⑤ = ⑥ = \frac{1}{6}\triangle ABC$$

피타고라스 정리

피타고라스 정리

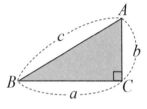

$$c^2 = a^2 + b^2$$

* 피타고라스 수의 예
  (3, 4, 5)
  (6, 8, 10)
  (5, 12, 13)

삼각형 각의 크기와 변의 길이

⟨c가 가장 긴 변일 때⟩

  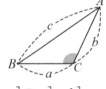

$c^2 < a^2 + b^2$ $c^2 = a^2 + b^2$ $c^2 > a^2 + b^2$

⇨ $\angle C < 90°$ ⇨ $\angle C = 90°$ ⇨ $\angle C > 90°$

⇨ 예각 △   ⇨ 직각 △   ⇨ 둔각 △

* 삼각형의 세 변의 길이 조건도 만족해야 함
다른 두 변의 길이 차 < 한 변의 길이 < 다른 두 변의 길이 합

피타고라스 정리의 활용

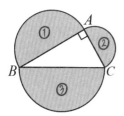

$$① + ② = ③$$

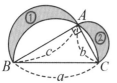

$$① + ② = \triangle ABC = \frac{1}{2}bc$$

직각삼각형

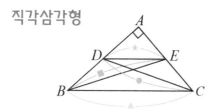

대각선이 직교하는 사각형

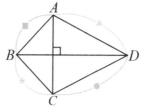

직사각형 내부의 점 P

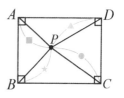

$$■^2 + ●^2 = ★^2 + ▲^2$$

삼각비

$$\sin A = \frac{a}{b} \ (= \cos C)$$

$$(\sin C =) \ \frac{c}{b} = \cos A$$

$$\tan A = \frac{a}{c} \ (= \frac{1}{\tan C})$$

	$\sin x < \cos x$		$\sin x = \cos x$	$\sin x > \cos x$	
	$0°$	$30°$	$45°$	$60°$	$90°$
sin	0	$\frac{1}{2}$	$\frac{\sqrt{2}}{2}$	$\frac{\sqrt{3}}{2}$	1
cos	1	$\frac{\sqrt{3}}{2}$	$\frac{\sqrt{2}}{2}$	$\frac{1}{2}$	0
tan	0	$\frac{\sqrt{3}}{3}$	1	$\sqrt{3}$	∞

변의 길이의 비

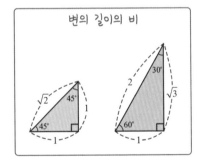

외우면 도움이 되는 공식들

정사각형

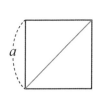

한 변의 길이: a

대각선의 길이 ⇨ $\sqrt{2}a$

정육면체

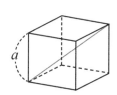

한 변의 길이: a

대각선의 길이 ⇨ $\sqrt{3}a$

정삼각형

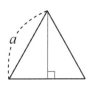

한 변의 길이: a

높이 ⇨ $\dfrac{\sqrt{3}}{2}a$

넓이 ⇨ $\dfrac{\sqrt{3}}{4}a^2$

정사면체

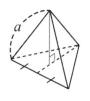

한 변의 길이: a

높이 ⇨ $\dfrac{\sqrt{6}}{3}a$

부피 ⇨ $\dfrac{\sqrt{2}}{12}a^3$

*삼각비나 피타고라스의 정리를 이용해서 구할 수 있지만
외워두면 쉽고 빠르게 문제를 해결할 수 있음

삼각비의 활용(1)

삼각형의 높이

예각삼각형

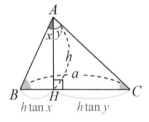

$$h \tan x + h \tan y = a$$

$$\Rightarrow h = \frac{a}{\tan x + \tan y}$$

둔각삼각형

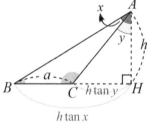

$$h \tan x - h \tan y = a$$

$$\Rightarrow h = \frac{a}{\tan x - \tan y}$$

삼각비의 활용(2)

삼각형의 넓이

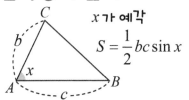

x가 예각

$$S = \frac{1}{2}bc\sin x$$

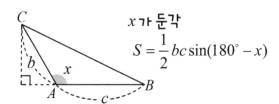

x가 둔각

$$S = \frac{1}{2}bc\sin(180° - x)$$

사각형의 넓이

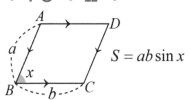

$$S = ab\sin x$$

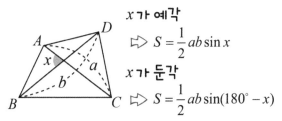

x가 예각

$$\Rightarrow S = \frac{1}{2}ab\sin x$$

x가 둔각

$$\Rightarrow S = \frac{1}{2}ab\sin(180° - x)$$

원과 직선

원과 현

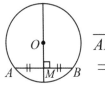

$\overline{AB} \perp \overline{OM}$
$\Rightarrow \overline{AM} = \overline{BM}$

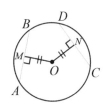

$\overline{OM} = \overline{ON}$
$\Leftrightarrow \overline{AB} = \overline{CD}$

원의 접선

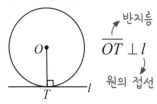

반지름
$\overline{OT} \perp l$
원의 접선

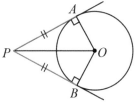

접선의 길이 $\overline{PA} = \overline{PB}$

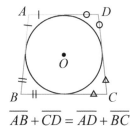

$\overline{AB} + \overline{CD} = \overline{AD} + \overline{BC}$

원주각

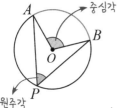
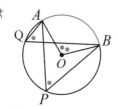
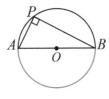
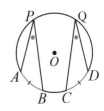

호 $\overset{\frown}{AB}$에 대하여

① 원주각의 크기는 같음

⟹ $\angle APB = \angle AQB$

② 원주각은 중심각의 반

⟹ $\angle APB = \dfrac{1}{2}\angle AOB$

*호의 길이는 원주각의 크기에 정비례 함
 현의 길이는 원주각의 크기에 정비례 하지 않음

반원에 대한
원주각은 90°

한 원에서
$\overset{\frown}{AB} = \overset{\frown}{CD}$
⇕
$\angle APB = \angle DQC$

원주각의 활용

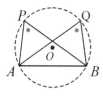

직선 AB에 대하여
두 점 P, Q가
같은쪽에 있고

$\angle APB = \angle AQB$

$\Rightarrow$ A, B, P, Q 는
한 원위에 있음

원에 내접하는 사각형

대각의 크기의 합 $= 180°$

$\angle A + \angle C = 180°$

$\angle B + \angle D = 180°$

원의 접선과 현이 이루는 각

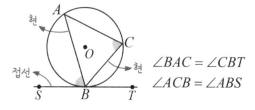

현
접선
S B T

$\angle BAC = \angle CBT$

$\angle ACB = \angle ABS$

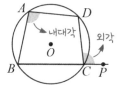

내대각
외각

한 외각의 크기
$=$ 내대각의 크기

$\angle DCP = \angle BAD$

중학수학
확률과 통계
part
5

수포의공식집

Part5
중학수학〈확률과 통계〉

도수분포표와 그래프

도수분포표

① 계급:변량을 일정한 간격으로 나눈 구간
② 계급의 크기:각 계급의 양 끝값의 차
③ 계급값:각 계급의 가운데 값
④ 도수:각 계급에 속하는 자료의 수

점수(점)	도수
이상 미만 10 ~ 20	3
20 ~ 30	7
30 ~ 40	15
합계	25

• 계급의 개수 ⇨ 3개
• 계급의 크기 ⇨ 10점
• 도수가 제일 큰 계급의
  계급값 ⇨ 35점

히스토그램과 도수분포다각형

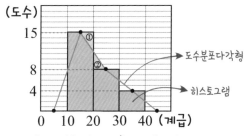

→ 도수분포다각형
→ 히스토그램

*도수분포다각형과 가로축으로 둘러쌓인
부분의 넓이
= 히스토그램의 직사각형 넓이의 합
(∵ ① = ②)

*직사각형 넓이의 합
= 계급의 크기 × 도수의 총합
  10   (15+8+4)

상대도수

상대도수

도수의 총합에 대한 각 계급의 도수의 비율

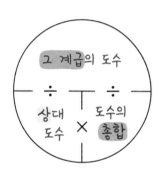

$$상대도수 = \frac{그\ 계급의\ 도수}{도수의\ 총합}$$

$$그\ 계급의\ 도수 = 그\ 계급의\ 상대도수 \times 도수의\ 총합$$

$$도수의\ 총합 = \frac{그\ 계급의\ 도수}{상대도수}$$

① 상대도수 $\times 100 =$ 백분율 (%)
② 상대도수의 총합 $= 1$
③ 도수의 총합이 다른 두 가지 이상의 자료의
　 분포상태를 비교할 때 편리함

사건과 경우의 수

경우의 수 어떤 사건이 일어나는 가짓수

중복되거나 빠뜨리지 않게 구해야 함

사건 A 또는 사건 B가 일어나는 경우의 수

A가 일어나는 경우의 수 + B가 일어나는 경우의 수

*A와 B가 동시에 일어나지 않을 때만 적용

| 주사위 한 개를 던질 때, 2이하 또는 5 이상의 눈이 나오는 경우의 수 구하기 | ⇨ | 2이하의 눈 : 2가지
 5이상의 눈 : 2가지 | ∴ 2+2 = 4 가지 |

사건 A, B가 동시에 일어나는 경우의 수

A가 일어나는 경우의 수 × B가 일어나는 경우의 수

| 주사위 한 개와 동전 두 개를 동시에 던질 때, 모든 경우의 수 구하기 | ⇨ | 주사위 한 개 : 6가지
 동전 A : 2가지
 동전 B : 2가지 | ∴ 6×2×2 = 24 가지 |

여러 가지 경우의 수 (1)

한 줄로 세우기

① n명을 한 줄로 세우기

$\Rightarrow n \times (n-1) \times (n-2) \times \cdots \times 2 \times 1$

(예) 5명을 한 줄로 세우기 $\Rightarrow 5 \times 4 \times 3 \times 2 \times 1$

② n명 중 r명을 뽑아 한 줄로 세우기

$\Rightarrow \underbrace{n \times (n-1) \times (n-2) \times \cdots \times (n-r+1)}_{r\text{개}}$

(예) 5명 중 3명을 뽑아 한 줄로 세우기 $\Rightarrow 5 \times 4 \times 3$

③ 한 줄로 세울 때 이웃하여 세우기

$\Rightarrow$ (이웃하는 것을 하나로 묶어 한 줄로 세우기)
$\times$ (묶음안에서 한 줄로 세우기)

(예) 5명 중 3명을 이웃하여 한 줄로 세우기

◯◯◯ ◯ ◯ $\Rightarrow (3 \times 2 \times 1) \times (3 \times 2 \times 1)$

자연수의 개수 구하기

n장의 카드 중에서

① 0을 포함하지 않는 경우

두 자릿수 $\Rightarrow \dfrac{n}{\text{십의 자리}} \times \dfrac{(n-1)}{\text{일의 자리}}$

세 자릿수 $\Rightarrow \dfrac{n}{\text{백의 자리}} \times \dfrac{(n-1)}{\text{십의 자리}} \times \dfrac{(n-2)}{\text{일의 자리}}$

② 0을 포함하는 경우

두 자릿수 $\Rightarrow \dfrac{(n-1)}{\text{십의 자리}} \times \dfrac{(n-1)}{\text{일의 자리}}$

세 자릿수 $\Rightarrow \dfrac{(n-1)}{\text{백의 자리}} \times \dfrac{(n-1)}{\text{십의 자리}} \times \dfrac{(n-2)}{\text{일의 자리}}$

여러가지 경우의 수(2)

대표뽑기

① n명 중 자격이 다른 r명 뽑기

$$\Rightarrow \underbrace{n\times(n-1)\times\cdots\times(n-r+1)}_{r\,\text{개}}$$

(예) 5명 중 회장 1명, 부회장 1명 뽑기 $\Rightarrow 5\times 4$

① n명 중 자격이 같은 r명 뽑기

$$\Rightarrow \frac{n\times(n-1)\times\cdots\times(n-r+1)}{r\times(r-1)\times\cdots\times2\times1}$$

(예) 5명 중 대표 3명 뽑기 $\Rightarrow \dfrac{5\times4\times3}{3\times2\times1}$

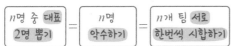

n명 중 대표 2명 뽑기 = n명 악수하기 = n개 팀 서로 한번씩 시합하기

최단거리 이동

$A \to B$ 최단거리로 가는 경우

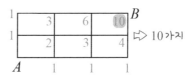

$\Rightarrow$ 10가지

$A \to P \to B$ 최단거리로 가는 경우

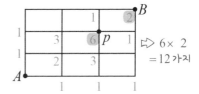

$\Rightarrow 6 \times 2$
$= 12$가지

확률의 뜻과 성질

확률

$$P = \frac{\text{어떤 사건이 일어나는 경우의 수}}{\boxed{\text{모든}} \text{ 경우의 수}}$$

확률의 성질

① $\underset{\downarrow}{0} \leq P \leq \underset{\downarrow}{1}$

절대로 일어날 수   반드시 일어나는
없는 사건의 확률   사건의 확률

② 사건 A가 일어날 확률 P
  ⇨ 사건 A가 일어나지 않을 확률
  $= 1 - P$

(예) 주사위 한 개를 던질 때

3의 눈이 나올 확률 ⇨ $\frac{1}{6}$

3의 눈이 나오지 않을 확률 ⇨ $\frac{5}{6}$

확률의 계산

확률의 덧셈

사건 A, B가 동시에 일어나지 않을 때,
사건 A 또는 사건 B가 일어날 확률

▷ (사건 A의 확률)+(사건 B의 확률)

확률의 곱셈

사건 A, B가 서로 영향을 미치치 않을 때,
사건 A와 사건 B가 동시에 일어날 확률

▷ (사건 A의 확률)×(사건 B의 확률)

연속하여 뽑는 경우의 확률

연속하여 검은공을 2개 뽑을 확률	
꺼낸 것을 다시 넣을 때	꺼낸 것을 다시 넣지 않을 때
첫 번째 두 번째 $\dfrac{2}{5} \times \dfrac{2}{5} = \dfrac{4}{25}$ ●● ●● ○○○ ○○○ 처음 확률=나중 확률	첫 번째 두 번째 $\dfrac{2}{5} \times \dfrac{1}{4} = \dfrac{1}{10}$ ●● ● ○○○ ○○○ 처음 확률≠나중 확률

대푯값

대푯값

① **평균** $= \dfrac{\text{변량의 총합}}{\text{변량의 개수}}$

② **최빈값**: 자료의 값 중에서 가장 많이 나타나는 값

③ **중앙값**: 자료의 변량을 작은 값부터 크기순으로 나열했을 때 중앙에 위치하는 값

$\begin{cases} \text{변량의 개수가 홀수} \Rightarrow \text{가운데 위치한 값} \\ \text{변량의 개수가 짝수} \Rightarrow \text{가운데 두 값의 평균} \end{cases}$

(예) 3, 5, 7, 10, 10, 13

평균 $= \dfrac{48}{6} = 8$, 최빈값 $= 10$, 중앙값 $= \dfrac{17}{2} = 8.5$

상자그림

상자그림

자료의 다섯 숫자 요약

<최솟값, 제1사분위수(Q_1), 중앙값(M),
제3사분위수(Q_3), 최댓값>을
그래프로 나타낸 그림 (가로 or 세로)

상자그림

① 변량을 작은 수부터 나열
② 중앙값 표시
③ Q_1, Q_3 표시하고 상자를 그림
④ 최솟값, 최댓값 표시하고 상자 연결

변량이 9, 6, 2, 7, 8, 5, 2, 7, 7, 8
일 때, 상자그림 그리기

▷ 2, 2, 5, 6, 7, 7, 7, 8, 8, 9

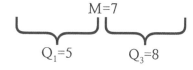

$M=7$

$Q_1=5$ $Q_3=8$

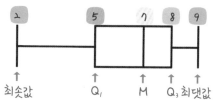

최솟값 Q_1 M Q_3 최댓값

산포도

산포도 변량이 흩어져 있는 정도를 하나의 수로 나타낸 값

편차 편차 = 변량 − 평균

편차의 총합 $= 0$

분산 편차 제곱의 평균

$$분산 = \frac{(편차)^2의\ 총합}{변량의\ 개수}$$

표준편차 분산의 음이 아닌 제곱근

$$표준편차 = \sqrt{분산}$$

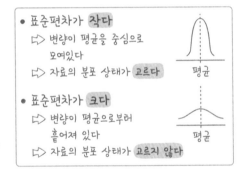

- 표준편차가 작다
  ⇨ 변량이 평균을 중심으로 모여있다
  ⇨ 자료의 분포 상태가 고르다

- 표준편차가 크다
  ⇨ 변량이 평균으로부터 흩어져 있다
  ⇨ 자료의 분포 상태가 고르지 않다

*변량 x, y, z의 평균이 m, 분산이 v, 표준편차가 s일 때 (단, a, b는 상수)
⇨ $ax+b$, $ay+b$, $az+b$ 의 평균은 $am+b$, 분산은 a^2v , 표준편차는 $|a|s$

산점도와 상관관계

산점도

어떤 자료에서 변량 x, y 에 대하여
순서쌍 (x, y) 를 좌표평면에 점으로
나타낸 그래프

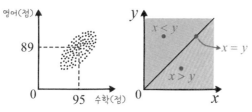

상관관계

① 양의 상관관계

키와 몸무게
예금과 이자
도시인구수와 교통량

② 음의 상관관계

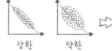

곡물의 생산량과 가격
자동차의 속력과 시간
낮의 길이와 밤의 길이

③ 상관관계가 없다

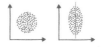

고등수학
공통수학1

part

6

수포의공식집

Part 6
고등수학 〈공통수학1〉

Part6
고등수학 〈공통수학1〉

행렬

곱셈공식

곱셈공식

① $(a+b)^3 = a^3 + 3a^2b + 3ab^2 + b^3$

$(a-b)^3 = a^3 - 3a^2b + 3ab^2 - b^3$

② $(a+b)(a^2-ab+b^2) = a^3 + b^3$

$(a-b)(a^2+ab+b^2) = a^3 - b^3$

③ $(a+b+c)^2 = a^2 + b^2 + c^2 + 2ab + 2bc + 2ca$

④ $(a^2+ab+b^2)(a^2-ab+b^2) = a^4 + a^2b^2 + b^4$

⑤ $(a+b+c)(a^2+b^2+c^2-ab-bc-ca) = a^3 + b^3 + c^3 - 3abc$

⑥ $(x+a)(x+b)(x+c) = x^3 + (a+b+c)x^2 + (ab+bc+ca)x + abc$

$(x-a)(x-b)(x-c) = x^3 - (a+b+c)x^2 + (ab+bc+ca)x - abc$

곱셈공식의 변형

곱셈공식의 변형

① $a^3 + b^3 = (a+b)^3 - 3ab(a+b)$, $a^3 - b^3 = (a-b)^3 + 3ab(a-b)$

② $a^3 + \dfrac{1}{a^3} = (a+\dfrac{1}{a})^3 - 3(a+\dfrac{1}{a})$, $a^3 - \dfrac{1}{a^3} = (a-\dfrac{1}{a})^3 + 3(a-\dfrac{1}{a})$

③ $a^2 + b^2 + c^2 = (a+b+c)^2 - 2(ab+bc+ca)$

④ $a^2 + b^2 + c^2 - ab - bc - ca = \dfrac{1}{2}\left\{(a-b)^2 + (b-c)^2 + (c-a)^2\right\}$

$a^2 + b^2 + c^2 + ab + bc + ca = \dfrac{1}{2}\left\{(a+b)^2 + (b+c)^2 + (c+a)^2\right\}$

⑤ $a^3 + b^3 + c^3 = (a+b+c)(a^2 + b^2 + c^2 - ab - bc - ca) + 3abc$

이때, $a+b+c=0 \Rightarrow a^3 + b^3 + c^3 = 3abc$

항등식의 성질

항등식의 성질

다음 등식이 x에 대한 항등식이면,

① $ax^2 + bx + c = 0 \Rightarrow a = 0, \ b = 0, \ c = 0$

② $ax^2 + bx + c = dx^2 + ex + f \Rightarrow a = d, \ b = e, \ c = f$

〈모든 x에 대하여〉, 〈x 값에 관계없이〉와 같은 표현은
항등식의 성질을 이용하라는 의미임

미정계수법 항등식의 성질을 이용하여 정해지지 않은 계수를 구하는 방법

계수비교법	수치대입법
내림차순 정리가 쉽고 전개가 간단한 경우	수치 대입 후 간단해지거나 전개가 복잡한 경우
⇨ 양변의 동류항의 계수를 비교하여 정함	⇨ 양변에 적당한 수를 대입하여 정함

다항식의 나눗셈

$$(x^3 - 4x^2 + 2) \div (x - 1)$$

직접 나누기

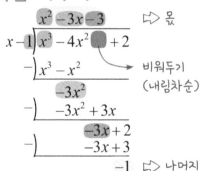

⇨ 몫

비워두기
(내림차순)

$$x-1 \overline{)x^3 - 4x^2 \quad + 2}$$

$$-)x^3 - x^2$$

$$\overline{-3x^2}$$

$$-)-3x^2 + 3x$$

$$\overline{-3x + 2}$$

$$-)-3x + 3$$

$$\overline{-1}$$ ⇨ 나머지

$$\therefore \underbrace{x^3 - 4x + 2}_{\text{나누어 지는 수}} = \underbrace{(x-1)}_{\text{나누는 수}}\underbrace{(x^2 - 3x - 3)}_{\text{몫}}\underbrace{-1}_{\text{나머지}}$$

조립제법

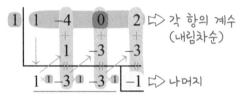

⇨ 각 항의 계수
(내림차순)

⇨ 나머지

⇨ 몫 $(x^2 - 3x - 3)$

*조립제법은 1차식으로 나눌 때만 가능

나머지 정리와 인수정리

x에 대한 다항식 $P(x)$를 일차식 $(x-k)$로 나누었을 때의 몫을 $Q(x)$, 나머지를 R이라 한다

나머지 정리 다항식의 나눗셈에서 나머지만 구할 경우 이용

$$P(x) = (x-k)Q(x)+R \Rightarrow \boxed{P(k) = R}$$

*일차식으로 나눌때의 나머지 $\Rightarrow$ 상수항
*이차식으로 나눌때의 나머지 $\Rightarrow$ 일차식
*삼차식으로 나눌때의 나머지 $\Rightarrow$ 이차식

인수정리

$$P(x) = (x-k)Q(x) \Rightarrow \boxed{P(k) = 0}$$

$P(x)$는 $(x-k)$를 인수로 가짐

인수분해공식

인수분해공식

① $a^3 + 3a^2b + 3ab^2 + b^3 = (a+b)^3$

$a^3 - 3a^2b + 3ab^2 - b^3 = (a-b)^3$

② $a^3 + b^3 = (a+b)(a^2 - ab + b^2)$

$a^3 - b^3 = (a-b)(a^2 + ab + b^2)$

③ $a^2 + b^2 + c^2 + 2ab + 2bc + 2ca = (a+b+c)^2$

④ $a^4 + a^2b^2 + b^4 = (a^2 + ab + b^2)(a^2 - ab + b^2)$

⑤ $a^3 + b^3 + c^3 - 3abc = (a+b+c)(a^2 + b^2 + c^2 - ab - bc - ca)$

$$= \frac{1}{2}(a+b+c)\left\{(a-b)^2 + (b-c)^2 + (c-a)^2\right\}$$

> *곱셈공식의
> 좌변과 우변을 바꾸면
> 인수분해 공식을 얻을 수 있음

인수분해 : 공통부분이 있는 경우

공통인수로 묶기

$ab^2 + 3ab + 2a^2b = ab(b + 3 + 2a)$

공통부분이 있는 다항식의 인수분해

① 치환을 이용한 인수분해 (55p 참고)

② $x^4 + ax^2 + b$ 의 꼴의 인수분해 (a, b 는 상수)

$x^4 + 5x^2 + 6$ ⟩ $x^2 = X$로 치환

$= X^2 + 5X + 6$ ⟩ 인수분해

$= (X + 2)(X + 3)$ ⟩ X에 x^2을 대입

$= (x^2 + 2)(x^2 + 3)$

$x^4 + 3x^2 + 4$ ⟩ x^2을 더하고 뺌

$= x^4 + 4x^2 + 4 - x^2$ ⟩ $A^2 - B^2$의 형태로 정리

$= (x^2 + 2)^2 - x^2$

$= (x^2 + 2 - x)(x^2 + 2 + x)$ ⟩ 인수분해 (합차공식)

인수분해 : 조립제법 이용

$f(x) =$ $\,$ $x^3 + 2x^2 - 9x + 6$

$\begin{array}{r|rrrr} 1 & 1 & 2 & -9 & 6 \\ & & 1 & 3 & -6 \\ \hline & 1 & 3 & -6 & 0 \end{array}$

$f(1) = 0$

$f(x) = (x-1)\underbrace{(x^2 + 3x - 6)}_{Q(x)}$

① $f(a) = 0$ 이 되는 인수를 찾음

$a = \pm \dfrac{\text{상수항의 약수}}{\text{최고차항의 약수}}$

② 찾은 인수를 이용하여 조립제법

③ $f(x) = (x-a)Q(x)$ 로 정리

④ $Q(x)$ 가 인수분해가 되면
$\qquad$ 인수분해하여 다시 정리

132

인수분해 : 내림차순으로 정리

① $3x^2 + 4xy + y^2 - 10x - 4y + 3$

- x에 대한 <u>내림차순 정리</u>
 ↳ $= 3x^2 + 2(2y-5)x + (y^2 - 4y + 3)$

- 상수항 인수분해(크로스공식 이용)
 ↳ $= 3x^2 + 2(2y-5)x + (y-3)(y-1)$

$3x$	$(y-1)$: $xy - x$
x	$(y-3)$: $3xy - 9x$ (+

$$\frac{}{4xy - 10x}$$

- 전체 식 인수분해(크로스공식 이용)
 ↳ $= (3x + y - 1)(x + y - 3)$

② $ab(a-b) + bc(b-c) + ca(c-a)$

$$= a^2b - ab^2 + b^2c - bc^2 + c^2a - ca^2$$

- a에 대하여 <u>내림차순 정리</u>
 ↳ $= (b-c)a^2 - (b^2 - c^2)a + b^2c - bc^2$

- 공통인수 만들기
 ↳ $= (b-c)a^2 - (b+c)(b-c)a + bc(b-c)$

- 공통인수로 묶기
 ↳ $= (b-c)\{a^2 - (b+c)a + bc\}$

- 나머지 식 인수분해(크로스공식 이용)
 ↳ $= (b-c)(a-b)(a-c)$

복소수와 i

허수단위 i

방정식 $x^2 = -1$의 근을 i라 한다 $i^2 = -1$ ⇨ $i = \sqrt{-1}$

복소수

$\underset{\text{실수부분}}{\underline{a}} + \underset{\text{허수부분}}{\underline{bi}}$

① $b = 0$일 때 $a + bi = a$ ⇨ 실수

② $b \neq 0$일 때 $a + bi$ ⇨ 복소수(실수+순허수)

③ $\begin{matrix} b \neq 0 \\ a = 0 \end{matrix}$)일 때 $a + bi = bi$ ⇨ 순허수

복소수가 같을 조건

$a + bi = c + di$ ⇨ $a = c$, $b = d$

$a + bi = 0$ ⇨ $a = 0$, $b = 0$

복소수의 연산

켤레 복소수

$$Z = a + bi \xrightarrow{\text{켤레복소수}} \overline{Z} = \overline{a+bi} = a - bi$$

두 복소수 Z_1, Z_2에 대하여

① $\overline{Z_1 \pm Z_2} = \overline{Z_1} \pm \overline{Z_2}$ ② $\overline{Z_1 \cdot Z_2} = \overline{Z_1} \cdot \overline{Z_2}$ ③ $\overline{\left(\dfrac{Z_1}{Z_2}\right)} = \dfrac{\overline{Z_1}}{\overline{Z_2}}$ (단, $Z_2 \neq 0$)

복소수의 사칙연산

① $(a+bi) + (c+di) = (a+c) + (b+d)i$

② $(a+bi) - (c+di) = (a-c) + (b-d)i$

③ $(a+bi)(c+di) = ac + (ad+bc)i + bdi^2$
$$= (ac - bd) + (ad + bc)i \longleftarrow \boxed{i^2 = -1}$$

④ $\dfrac{a+bi}{c+di} = \dfrac{(a+bi)(c-di)}{(c+di)(c-di)} = \dfrac{(ac+bd) + (bc-ad)i}{\underbrace{c^2 + d^2}_{\text{분모의 실수화}}}$ (단, $c+di \neq 0$)

복소수의 활용

i의 거듭제곱

$$i^{4n+1}$$
$$\|$$
$$i$$

$$i^{4n} = \boxed{1} = i^4 \qquad i^2 = \boxed{-1} = i^{4n+2}$$

$$i^3$$
$$\|$$
$$\boxed{-i}$$
$$\|$$
$$i^{4n+3}$$

$$i + i^2 + i^3 + i^4 = i - 1 - i + 1 = 0$$
$$\frac{1}{i} + \frac{1}{i^2} + \frac{1}{i^3} + \frac{1}{i^4} = -i - 1 + i + 1 = 0$$

복소수의 사칙연산

① $a > 0$ 일 때

$$\sqrt{-a} = \sqrt{a}\,i$$

② $a < 0,\ b < 0$ 일 때

$$\sqrt{a}\sqrt{b} = -\sqrt{ab}$$

(그 외에는 $\sqrt{a}\sqrt{b} = \sqrt{ab}$)

③ $a > 0,\ b < 0$ 일 때

$$\frac{\sqrt{a}}{\sqrt{b}} = -\sqrt{\frac{a}{b}}$$

(그 외에는 $\dfrac{\sqrt{a}}{\sqrt{b}} = \sqrt{\dfrac{a}{b}}\,(b \neq 0)$)

이차방정식의 풀이

근의 판별

$ax^2 + bx + c = 0$ (a, b, c 는 실수)

판별식 $D = b^2 - 4ac$

① $D > 0$ ▷ 서로 다른 두 실근 ⎤ 실근 조건
② $D = 0$ ▷ 서로 같은 두 실근(중근) ⎦ $D \geq 0$
③ $D < 0$ ▷ 서로 다른 두 허근

이차방정식 실근의 부호

$ax^2 + bx + c = 0$ (a, b, c 는 실수) 의 두 근 α, β

① 두 근이 모두 양수 ▷ $D \geq 0$, $\alpha + \beta > 0$, $\alpha\beta > 0$
② 두 근이 모두 음수 ▷ $D \geq 0$, $\alpha + \beta < 0$, $\alpha\beta > 0$
③ 두 근이 서로 다른 부호 ▷ $\alpha\beta < 0$

방정식의 켤레근

① 계수가 유리수일 때

한 근 $p + q\sqrt{m}$ ▷ 다른 한 근 $p - q\sqrt{m}$

(단, p, q는 유리수 $q \neq 0$, $\sqrt{m}$ 은 무리수)

② 계수가 실수일 때

한 근 $p + qi$ ▷ 다른 한 근 $p - qi$

(단, p, q는 유리수 $q \neq 0$, $i = \sqrt{-1}$)

이차함수와 이차방정식

이차함수와 이차방정식의 관계

이차함수 $y = ax^2 + bx + c$ 의 x 절편
$\parallel$
이차방정식 $ax^2 + bx + c = 0$ 의 실근

($y = ax^2 + bx + c$ 와 $y = 0$ (x축)의 교점의 x좌표)

$D > 0$	$D = 0$	$D < 0$
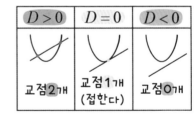		
교점2개	교점1개 (접한다)	교점0개

이차함수 $y = ax^2 + bx + c$ 와 일차함수 $y = mx + n$ 의 관계

연립해서 D의 부호로 결정

$\Rightarrow ax^2 + bx + c = mx + n$

$ax^2 + (b - m)x + c - n = 0$

$D = (b - m)^2 - 4a(c - n)$

(연립한 방정식의 실근 $\Rightarrow$ 교점의 x좌표)

$D > 0$	$D = 0$	$D < 0$
교점2개	교점1개 (접한다)	교점0개

이차함수의 최댓값과 최솟값

이차함수 $y = a(x-p)^2 + q$ 의 최댓값과 최솟값

정의역이 모든 실수인 경우	정의역의 범위가 정해진 경우 $(a \le x \le c)$	
	꼭짓점이 정의역에 포함됨	꼭짓점이 정의역에 포함 안됨
 $(p.q)$ $(p.q)$	$(a.b)$ $(p.q)$ $(c.d)$ $(c.d)$ $(a.b)$ $(p.q)$	$(c.d)$ $(c.d)$ $(a.b)$ $(a.b)$

• 최솟값
  $f(p) = q$
• 최댓값
  정할수 없음
	• 최솟값
	  $f(p) = q$
	• 최댓값
	  $f(c) = d$
		• 최댓값
		  $f(p) = q$
		• 최솟값
		  $f(c) = d$
			• 최솟값
			  $f(a) = b$
			• 최댓값
			  $f(c) = d$
				• 최댓값
				  $f(a) = b$
				• 최솟값
				  $f(c) = d$

• 최솟값
  정할수 없음
• 최댓값
  $f(p) = q$
	꼭지점에서 먼 x 값	

삼차방정식의 활용

허근 ω의 성질

$x^3 = 1$의 허근 ω

$\omega^3 - 1 = 0 \implies (\omega - 1)(\omega^2 + \omega + 1) = 0$

① $\omega^3 = 1$, $\overline{\omega}^3 = 1$

② $\omega^2 + \omega + 1 = 0$, $\overline{\omega}^2 + \omega + 1 = 0$

③ $\omega + \dfrac{1}{\omega} = -1$, $\overline{\omega} + \dfrac{1}{\omega} = -1$

④ $\omega + \overline{\omega} = -1$, $\omega\overline{\omega} = 1$

$x^3 = -1$의 허근 ω

$\omega^3 + 1 = 0 \implies (\omega + 1)(\omega^2 - \omega + 1) = 0$

① $\omega^3 = -1$, $\overline{\omega}^3 = -1$

② $\omega^2 - \omega + 1 = 0$, $\overline{\omega}^2 - \omega + 1 = 0$

③ $\omega + \dfrac{1}{\omega} = 1$, $\overline{\omega} + \dfrac{1}{\omega} = 1$

④ $\omega + \overline{\omega} = 1$, $\omega\overline{\omega} = 1$

삼차방정식의 근과 계수의 관계

삼차방정식 $ax^3 + bx^2 + cx + d = 0$ 의 세 근 α, β, γ

$$\alpha + \beta + \gamma = -\frac{b}{a}, \quad \alpha\beta + \beta\gamma + \gamma\alpha = \frac{c}{a}, \quad \alpha\beta\gamma = -\frac{d}{a}$$

연립이차방정식(1)

대입법 이용

$$\begin{cases} x - y = 3 & \cdots\text{㉠} \\ x^2 + y^2 = 29 & \cdots\text{㉡} \end{cases}$$

㉠을 변형

$x = \boxed{y+3}$ ....㉢

$\boxed{(y+3)^2} + y^2 = 29$ ㉡에 대입

$2y^2 + 6y - 20 = 0$

$y^2 + 3y - 10 = 0$

$(y-2)(y+5) = 0$

$y = 2 \ or \ -5 \longrightarrow$ ㉢에 대입

$\therefore \begin{cases} y = 2 \\ x = 5 \end{cases} or \begin{cases} y = -5 \\ x = -2 \end{cases}$

인수분해 이용

$$\begin{cases} x^2 + xy - 2y^2 = 0 & \cdots\text{㉠} \\ x^2 + y^2 = 10 & \cdots\text{㉡} \end{cases}$$

$(x-y)(x+2y) = 0$ ㉠을 인수분해

$x = y \ or \ \boxed{x = -2y}$

① $x = y$ ....㉢

$x^2 + y^2 = 10$ ㉡에 대입

$2x^2 = 10$

$x^2 = 5$

$x = \pm\sqrt{5} \longrightarrow$ ㉢에 대입

② $\boxed{x = -2y}$ ....㉣

$x^2 + y^2 = 10$ ㉡에 대입

$5y^2 = 10$

$y^2 = 2$

$y = \pm\sqrt{2} \longrightarrow$ ㉣에 대입

$\therefore \begin{cases} x = \sqrt{5} \\ y = \sqrt{5} \end{cases} or \begin{cases} x = -\sqrt{5} \\ y = -\sqrt{5} \end{cases} or \begin{cases} y = \sqrt{2} \\ x = -2\sqrt{2} \end{cases} or \begin{cases} y = -\sqrt{2} \\ x = 2\sqrt{2} \end{cases}$

연립이차방정식(2)

대칭식

$\begin{cases} x+y=5 \\ xy=4 \end{cases}$ ⇨ 두근의 합
⇨ 두근의 곱

x, y 는

$t^2 - 5t + 4 = 0$ 의 두 근

$(t-1)(t-4) = 0$

$t = 1 \ or \ 4$

$\therefore \begin{cases} x=1 \\ y=4 \end{cases} or \begin{cases} x=4 \\ y=1 \end{cases}$

연립이차방정식의 해의 조건

$\begin{cases} x+y=2 \quad ....\text{㉠} \\ x^2+y^2=a \quad ....\text{㉡} \end{cases}$ 이 실근을 갖도록 하는 실수 a 의 범위

$y = -x+2 \quad ....\text{㉢}$

㉢을 ㉡에 대입

$x^2 + (-x+2)^2 = a$

$2x^2 - 4x + 4 - a = 0$

$D\!/\!4 = 4 - 2(4-a) = 2a - 4 \geq 0$

실근조건
$D \geq 0$

$\therefore a \geq 2$

부정방정식

부정방정식 방정식의 개수가 미지수의 개수보다 작아서
근을 정할 수 없는 방정식

① **정수** 조건이 있는 경우

(일차식)×(일차식)=(정수)꼴로 변형

$xy - x - y - 2 = 0$ 을
만족시키는 정수 x, y 구하기

$x(y-1) - (y-1) = 3$

$(x-1)(y-1) = 3$

$x-1$	1	3	-1	-3
$y-1$	3	1	-3	-1

$\therefore \begin{cases} x=2 \\ y=4 \end{cases}$ or $\begin{cases} x=4 \\ y=2 \end{cases}$ or $\begin{cases} x=0 \\ y=-2 \end{cases}$ or $\begin{cases} x=-2 \\ y=0 \end{cases}$

② **실수** 조건이 있는 경우

내림차순으로 정리 후 $D \geq 0$ (실근조건)

$x^2 - 2xy + 2y^2 + 2x + 2 = 0$ ....㉠

$x^2 - 2(y-1)x + 2y^2 + 2 = 0$ x 에 대한
내림차순 정리

$\dfrac{D}{4} = (y-1)^2 - (2y^2 + 2) \geq 0$

$y^2 + 2y + 1 = (y+1)^2 \leq 0 \Rightarrow y = -1$

$x^2 + 4x + 4 = 0$ ㉠에 대입

$(x+2)^2 = 0 \Rightarrow x = -2$

$\therefore x = -2, y = -1$

연립일차부등식

연립일차부등식 두 개 이상의 일차부등식을 한 쌍으로 묶어서 나타낸 것

각 일차부등식의 해를 구한 다음 <mark>공통부분</mark>을 찾음

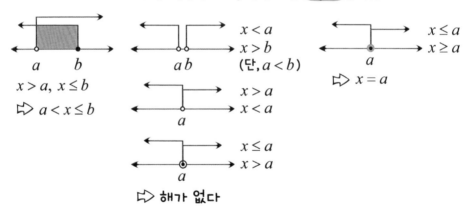

$x > a, \ x \leq b$

⇨ $a < x \leq b$

$x < a$
$x > b$
(단, $a < b$)

$x > a$
$x < a$

$x \leq a$
$x > a$

⇨ 해가 없다

$x \leq a$
$x \geq a$

⇨ $x = a$

연립일차부등식의 활용

정수인 해가 주어진 경우

연립부등식 $\begin{cases} 5(x+1) > 6x-3 & \cdots\text{㉠} \\ 6x+2 > 5x+a & \cdots\text{㉡} \end{cases}$ 를 만족하는 정수인 해가 **2개**일 때, 상수 a의 값 구하기

㉠ $5(x+1) > 6x-3$

$x < 8$

㉡ $x > a-2$

$5 \leq a-2 < 6$

7 8

$5 \leq a-2 < 6$

$\therefore 7 \leq a < 8$

*등호에 주의함

▷ 각 부등식의 해를
   수직선 위에 나타냄

▷ 2개의 정수를 포함하도록
   a의 범위를 구함

절댓값 기호를 포함한 일차부등식

절댓값의 정의 이용

$$|x-k| = \begin{cases} x-k \ (x \geq k) \ \Rightarrow \ (x-k) \text{가 } 0 \text{또는 양수면 그대로} \\ -x+k \ (x < k) \ \Rightarrow \ (x-k) \text{가 음수면 부호 바꿈} \end{cases}$$

$|x-2| < -3x+1$ 의 해 구하기

절댓값 기호 안의 식이 0 되는 수를 기준으로 범위를 나눔

① $x \geq 2$ ....㉠
$x-2 < -3x+1$
$4x < 3$
$x < \dfrac{3}{4}$ ....㉡

$\Rightarrow$ 해가 없다
(㉠과 ㉡의 공통범위)

② $x < 2$ ....㉢
$-x+2 < -3x+1$
$2x < -1$
$x < -\dfrac{1}{2}$ ....㉣

$\Rightarrow$ $x < -\dfrac{1}{2}$
(㉢과 ㉣의 공통범위)

$\therefore x < -\dfrac{1}{2}$
(①과 ②의 합범위)

절댓값 공식

$0 < k < l$ 일때
① $|x| < k$
$\Rightarrow -k < x < k$
② $|x| > k$
$\Rightarrow x < -k \text{ or } x > k$
③ $k < |x| < l$
$\Rightarrow -l < x < -k$
$\text{ or } k < x < l$

이차부등식

이차함수의 그래프와 이차부등식의 해의 관계

$ax^2 + bx + c = 0$ 의 두 근 α, β

$y = ax^2 + bx + c$ $(a > 0)$

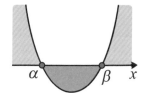

① 이차부등식 $ax^2 + bx + c \geq 0$ 의 해

이차함수 $y = ax^2 + bx + c$ 의 그래프가

x 축 $(y = 0)$ 보다 큰 쪽을 만족시키는 x의 범위

⇨ $x \leq \alpha$ or $x \geq \beta$

(작은 근보다 작고 큰 근보다 큼)

② 이차부등식 $ax^2 + bx + c \leq 0$ 의 해

이차함수 $y = ax^2 + bx + c$ 의 그래프가

x 축 $(y = 0)$ 보다 작은 쪽을 만족시키는 x의 범위

⇨ $\alpha \leq x \leq \beta$

(두 근 사이)

판별식에 따른 이차부등식의 해

$ax^2 + bx + c = 0$ 의 두 근 α, β $(a > 0, \ \alpha \leq \beta)$

	$D > 0$ 인 경우	$D = 0$ 인 경우	$D < 0$ 인 경우
$y = ax^2 + bx + c$ $(a > 0)$	α β x	α x	x
$ax^2 + bx + c \geq 0$	$x \leq \alpha \ or \ x \geq \beta$	x 는 모든 실수	x 는 모든 실수
$ax^2 + bx + c > 0$	$x < \alpha \ or \ x > \beta$	$x \neq \alpha$ 인 모든 실수	x 는 모든 실수
$ax^2 + bx + c \leq 0$	$\alpha \leq x \leq \beta$	$x = \alpha$	해가 없다
$ax^2 + bx + c < 0$	$\alpha < x < \beta$	해가 없다	해가 없다

이차부등식이 항상 성립할 조건

이차부등식이 항상 성립할 조건

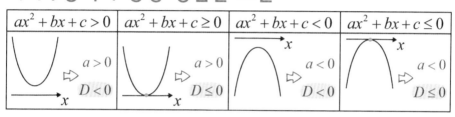

$ax^2+bx+c>0$	$ax^2+bx+c \geq 0$	$ax^2+bx+c<0$	$ax^2+bx+c \leq 0$
$a>0$ $D<0$	$a>0$ $D \leq 0$	$a<0$ $D<0$	$a<0$ $D \leq 0$

해가 하나일 조건

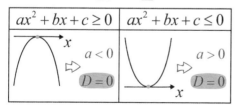

$ax^2+bx+c \geq 0$	$ax^2+bx+c \leq 0$
$a<0$ $D=0$	$a>0$ $D=0$

이차부등식 $ax^2+bx+c>0$이 해를 가질 조건

① $a>0$ ⇨ **항상 해를 가짐**

② $a<0$ ⇨ $D>0$

이차부등식 $ax^2+bx+c>0$의 해가 없을 조건

⇨ $ax^2+bx+c \leq 0$ **이 항상 성립할 조건**

이차부등식의 근의 위치

이차방정식 $ax^2 + bx + c = 0$의 두 실근 α, β $(a > 0,\ \alpha < \beta,\ k < l)$

두 근이 모두 k보다 큰 경우	두 근이 모두 k보다 작은 경우
$x = p$ $\Rightarrow$ $\begin{array}{l} D \geq 0 \\ f(k) > 0 \\ p > k \end{array}$	$x = p$ $\Rightarrow$ $\begin{array}{l} D \geq 0 \\ f(k) > 0 \\ p < k \end{array}$
두 근 사이에 k가 있는 경우	두 근이 모두 k, l 사이에 있는 경우
$x = p$ $\Rightarrow$ $f(k) < 0$	$x = p$ $\Rightarrow$ $\begin{array}{l} D \geq 0 \\ f(k) > 0 \\ f(l) > 0 \\ k < p < l \end{array}$

행렬의 뜻과 성분

행렬 '수'나 '문자'를 직사각형 모양으로 배열하여 괄호로 묶은 것

$$A = \begin{pmatrix} a_{11} & a_{12} & a_{13} \\ a_{21} & a_{22} & a_{23} \end{pmatrix}$$

성분

1행
2행

1열 2열 3열

행렬 A의 **i**행 **j**열의 성분
= a_{ij} = A의 **(i, j)** 성분

ex)
$$A = \begin{pmatrix} 30 & 0 \\ 1 & 11 \end{pmatrix}$$

A의 (1, 2) 성분: 0
A의 (2, 2) 성분: 11

$$A = \begin{pmatrix} a & b \\ c & d \end{pmatrix} \quad B = \begin{pmatrix} a & b \\ c & d \end{pmatrix} \quad \Rightarrow \quad \boxed{A = B}$$

행렬의 뜻과 성분

행렬의 덧셈과 뺄셈

$$A = \begin{pmatrix} a_{11} & a_{12} \\ a_{21} & a_{22} \end{pmatrix} \quad B = \begin{pmatrix} b_{11} & b_{12} \\ b_{21} & b_{22} \end{pmatrix}$$

$$\Rightarrow A \pm B = \begin{pmatrix} a_{11} \pm b_{11} & a_{12} \pm b_{12} \\ a_{21} \pm b_{21} & a_{22} \pm b_{22} \end{pmatrix}$$

행렬의 실수배

$$kA = k\begin{pmatrix} a_{11} & a_{12} \\ a_{21} & a_{22} \end{pmatrix}$$

$$= \begin{pmatrix} ka_{11} & ka_{12} \\ ka_{21} & ka_{22} \end{pmatrix}$$

행렬의 곱셈

$$\underset{2행}{\overset{1행}{}}\begin{pmatrix} a & b \\ c & d \end{pmatrix}\underset{1열\ 2열}{\begin{pmatrix} x & y \\ z & w \end{pmatrix}} = \begin{pmatrix} 1행1열 & 1행2열 \\ 2행1열 & 2행2열 \end{pmatrix} = \begin{pmatrix} ax+bz & ay+bw \\ cx+dz & cy+dw \end{pmatrix}$$

* 앞 행렬의 열과 뒤 행렬의 행의 개수가 같아야 곱셈이 가능함

행렬의 성질

덧셈·뺄셈의 성질
① $A+B = B+A$
② $(A+B)+C = A+(B+C)$

곱셈의 성질
① $AB \neq BA$
② $(AB)C = A(BC)$
③ $A+(B+C) = AB+AC$
④ $k(AB) = (kA)B+A(kB)$
⑤ $AO = OA = O$

영행렬
$$O=\begin{pmatrix} 0 \\ 0 \end{pmatrix}, O=\begin{pmatrix} 0 & 0 \\ 0 & 0 \end{pmatrix}, O=\begin{pmatrix} 0 & 0 & 0 \\ 0 & 0 & 0 \end{pmatrix}, \cdots$$

$$A+O = O+A = A$$

〈행렬에서 성립하지 않는 것 주의〉

● $AB=O$이면 $A=O$ or $B=O$ (×)

반례) $\begin{pmatrix} 1 & 1 \\ 2 & 2 \end{pmatrix}\begin{pmatrix} -1 & 4 \\ 1 & -4 \end{pmatrix} = \begin{pmatrix} 0 & 0 \\ 0 & 0 \end{pmatrix}$

● $A\neq O$이고 $AB=AC$이면 $B=C$ (×)
$AB-AC=O$ $A(B-C)=O$
$(B-C)\neq O$라도 영행렬이 될 수 있음

단위행렬과 역행렬

단위행렬

n차 정사각행렬 A에 대하여

AE=EA=A를 만족시키는

n차 정사각행렬 E

$$E = (1), \begin{pmatrix} 1 & 0 \\ 0 & 1 \end{pmatrix}, \begin{pmatrix} 1 & 0 & 0 \\ 0 & 1 & 0 \\ 0 & 0 & 1 \end{pmatrix} \cdots$$

* 수의 곱셈에서 1과 같은 성질을 가짐

단위행렬의 성질

① $EA = AE = A$ (교환법칙 성립)

② $E = E^2 = E^3 = \cdots = E^n$

③ $(A+E)^2 = A^2 + 2A + E$ ($\because EA=AE$)

* 일반행렬 $(A+B)^2 = A^2 + AB + BA + B^2$
$\neq 2AB$

역행렬

정사각행렬 A에 대하여 AX=XA=E가 되는 행렬 X ⟹ A의 역행렬 A^{-1}

행렬 $A = \begin{pmatrix} a & b \\ c & d \end{pmatrix}$ 에 대하여 ad-bc≠0 이면 A의 역행렬이 존재함

$$A^{-1} = \frac{1}{ad-bc} \begin{pmatrix} d & -b \\ -c & a \end{pmatrix}$$

고등수학
공통수학2

part

7

수포의공식집

Part 7
고등수학 〈공통수학2〉

도형의 방정식

집합과 명제

Part 7
고등수학 〈공통수학2〉

함수

두 점 사이의 거리

좌표 평면에서 두 점 사이의 거리

$A(x_1, y_1)$, $B(x_2, y_2)$ **사이의 거리**

$$\overline{AB} = \sqrt{(x_2 - x_1)^2 + (y_2 - y_1)^2}$$

좌표 평면 위의 선분의 내분점과 외분점

$\overline{AB}$ **를** $a:b$ **로 내분하는 점과 외분하는 점**

$A(x_1, y_1)$, $B(x_2, y_2)$

$a \xleftarrow{} : \xrightarrow{} b$ (단 $a \neq b$)

내분점

$$\left(\frac{ax_2 + bx_1}{a+b}, \frac{ay_2 + by_1}{a+b} \right)$$

외분점

$$\left(\frac{ax_2 - bx_1}{a-b}, \frac{ay_2 - by_1}{a-b} \right)$$

파푸스 정리(중선 정리)

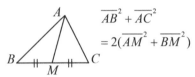

$$\overline{AB}^2 + \overline{AC}^2 = 2(\overline{AM}^2 + \overline{BM}^2)$$

선분의 중점 (1:1 내분점)

$A(x_1, y_1)$ $B(x_2, y_2)$

$$\Rightarrow M\left(\frac{x_1 + x_2}{2}, \frac{y_1 + y_2}{2} \right)$$

삼각형의 무게 중심

$A(x_1, y_1)$, $B(x_2, y_2)$, $C(x_3, y_3)$

$$\Rightarrow G\left(\frac{x_1 + x_2 + x_3}{3}, \frac{y_1 + y_2 + y_3}{3} \right)$$

직선의 방정식

기울기와 지나는 한 점이 주어질 때

기울기 m, 지나는 점 (a, b) $\Rightarrow$ $y - b = m(x - a)$ $\Rightarrow$ $y = m(x - a) + b$

지나는 두 점이 주어질 때

지나는 두 점 (a, b), (c, d)

$$\Rightarrow y - b = \frac{d - b}{c - a}(x - a) \Rightarrow y = \frac{d - b}{c - a}(x - a) + b$$

↳ 기울기(68p 참고)

x 절편과 y 절편이 주어질 때

x 절편 a, y 절편 b $\Rightarrow$ $\dfrac{x}{a} + \dfrac{y}{b} = 1$ (단, $ab \neq 0$)

선분의 수직이등분선

두 직선의 수직 조건

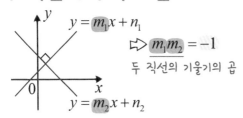

$y = m_1 x + n_1$

$\Rightarrow m_1 m_2 = -1$

두 직선의 기울기의 곱

$y = m_2 x + n_2$

선분의 수직이등분선

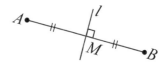

① $\overline{AB}$ 의 기울기 × l 의 기울기 $= -1$

② l 이 $\overline{AB}$ 의 중점 M 을 지남

두 직선의 교점을 지나는 직선

한 점에서 만나는 두 직선 l 과 n 의 교점을 지나는 직선의 방정식

$\begin{cases} l : ax + by + c = 0 \\ n : a'x + b'y + c' = 0 \end{cases}$ $\Rightarrow ax + by + c + k(a'x + b'y + c') = 0$

(단, k 는 실수)

점과 직선 사이의 거리

점과 직선 사이의 거리

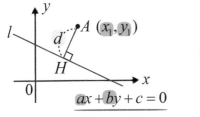

$$ax + by + c = 0$$

*항상 일반형으로 놓고 공식에 적용시킴

점 A와 직선 l사이의 거리

$$\overline{AH} = d = \frac{|ax_1 + by_1 + c|}{\sqrt{a^2 + b^2}}$$

평행한 두 직선 사이의 거리

$$\begin{cases} l : ax + by + c = 0 \\ n : a'x + b'y + c = 0 \end{cases}$$

① 직선 l위의 적당한 점을 찾음 (x절편, y절편 등)

② ①과 직선 n사이의 거리를 구함

원의 방정식

원의 방정식

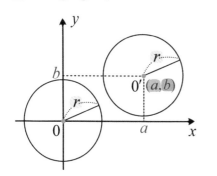

$$x^2 + y^2 = r^2$$

중심 $(0,0)$ 기본형
반지름 r

x 축으로 a 만큼,
y 축으로 b 만큼
─────────→
평행이동

$$(x-a)^2 + (y-b)^2 = r^2$$

중심 (a,b) 표준형
반지름 r

⇕

$$x^2 + y^2 + Ax + By + C = 0 \ (\text{단, } A^2 + B^2 - 4C > 0)$$

일반형

축에 접하는 원의 방정식

축에 접하는 원의 방정식

x축에 접하는 원 ⇨ |중심의 y좌표| = 반지름

$$(x-a)^2 + (y-b)^2 = b^2$$

x축, y축에 동시에 접하는 원

⇨ |중심의 x좌표| = |중심의 y좌표|

= 반지름

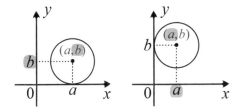

y축에 접하는 원 ⇨ |중심의 x좌표| = 반지름

$$(x-a)^2 + (y-b)^2 = a^2$$

두 원의 교점을 지나는 원의 방정식

공통현의 방정식

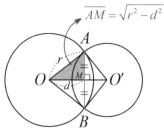

$$\overline{AM} = \sqrt{r^2 - d^2}$$

$$O : x^2 + y^2 + ax + bx + c = 0$$

$$O' : x^2 + y^2 + a'x + b'x + c' = 0$$

공통현의 방정식 $= O - O'$

$$= (a - a')x + (b - b')y + c - c' = 0$$

⇨ 공통현의 길이 $= 2\overline{AM} = 2\sqrt{r^2 - d^2}$

두 원의 교점을 지나는 원의 방정식

$$O + kO' = x^2 + y^2 + ax + by + c + k(x^2 + y^2 + a'x + b'x + c') = 0$$

(단, $k \neq -1$인 실수)

원과 직선의 위치 관계

원과 직선의 위치 관계

원과 직선을 연립한 이차방정식의 판별식 $= D$

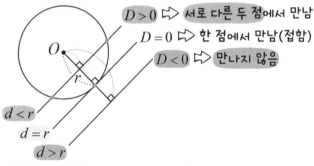

$D > 0$ ➡ 서로 다른 두 점에서 만남

$D = 0$ ➡ 한 점에서 만남(접함)

$D < 0$ ➡ 만나지 않음

$d < r$

$d = r$

$d > r$

중심과 직선 사이의 거리 $= d$

원 위의 점과 직선 사이의 거리

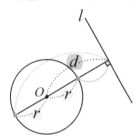

원 위의 점에서 l에 이르는

거리의 최솟값 ➡ $d - r$

최댓값 ➡ $d + r$

원의 접선의 방정식

원 위의 접점을 알 때

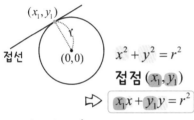

$x^2 + y^2 = r^2$

접점 (x_1, y_1)

$\Rightarrow$ $x_1 x + y_1 y = r^2$

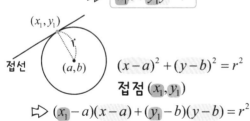

$(x-a)^2 + (y-b)^2 = r^2$

접점 (x_1, y_1)

$\Rightarrow$ $(x_1 - a)(x-a) + (y_1 - b)(y-b) = r^2$

기울기를 알 때

① 공식 이용

$x^2 + y^2 = r^2$ 기울기: m

$\Rightarrow$ $y = mx \pm r\sqrt{m^2 + 1}$

$(x-a)^2 + (y-b)^2 = r^2$ 기울기: m

$\Rightarrow$ $y - b = m(x-a) \pm r\sqrt{m^2 + 1}$

② 접선의 방정식을 $y = mx + b$ 로 놓고 원과 연립하여 $D = 0$ 을 이용

③ 중심에서 접선까지의 거리=반지름 $d = r$ 이용

두 원의 위치 관계

(단, $r > r'$)

다른 원의 외부	외접	두 점에서 만남
$r+r'<d$ ⇨ 교점 0개 공통 접선 4개	$r+r'=d$ ⇨ 교점 1개 공통 접선 3개	$r+r'<d$ ⇨ 교점 2개 공통 접선 2개
내접	다른 원의 내부	동심원
$r-r'=d$ ⇨ 교점 1개 공통 접선 1개	$r-r'>d$ ⇨ 교점 0개 공통 접선 0개	$d=0$ ⇨ 교점 0개 공통 접선 0개

공통접선의 길이

공통외접선의 길이

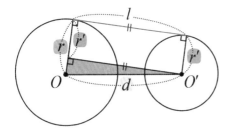

$$\Rightarrow \ l = \sqrt{d^2 - (r - r')^2}$$

공통내접선의 길이

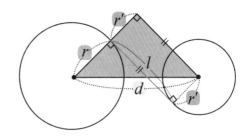

$$\Rightarrow \ l = \sqrt{d^2 - (r + r')^2}$$

평행이동

점의 평행이동

$$(x, y) \xrightarrow[\text{평행이동}]{x \text{ 축으로 } \boxed{a} \text{ 만큼, } y \text{ 축으로 } \boxed{b} \text{ 만큼}} (x + \boxed{a},\ x + \boxed{b})$$

도형의 평행이동

$$f(x, y) = 0 \xrightarrow[\text{평행이동}]{x \text{ 축으로 } \boxed{a} \text{ 만큼, } y \text{ 축으로 } \boxed{b} \text{ 만큼}} f(x - \boxed{a},\ x - \boxed{b}) = 0$$

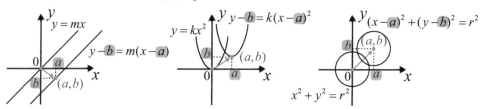

대칭이동(1)

점과 도형의 대칭이동

	x 축에 대한 대칭	y 축에 대한 대칭	원점에 대한 대칭	$y = x$에 대한 대칭	$y = -x$에 대한 대칭
(x, y)	$(x, -y)$	$(-x, y)$	$(-x, -y)$	(y, x)	$(-y, -x)$
$f(x, y)$	$f(x, -y) = 0$	$f(-x, y) = 0$	$f(-x, -y) = 0$	$f(y, x) = 0$	$f(-y, -x) = 0$
	y에 $-y$를 대입	x에 $-x$를 대입	x에 $-x$ y에 $-y$를 대입	x에 y y에 x를 대입	x에 $-y$ y에 $-x$를 대입

대칭이동(2)

점에 대한 대칭

A를 M에 대해 대칭이동한 점 A'

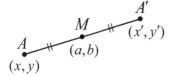

〈방법1〉 $M = \overline{AA'}$ 의 중점

$$(a,b) = \left(\frac{x+x'}{2}, \frac{y+y'}{2} \right)$$

〈방법2〉 바로 구하는 식

$$(x',y') = (2a-x, \ 2b-y)$$

직선에 대한 대칭

A를 l에 대해 대칭이동한 점 A'

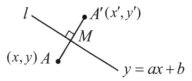

① $\overline{AA'}$ 의 중점 M이 l 위에 있다

② ($\overline{AA'}$의 기울기)$\times$(l의 기울기)$= -1$

①과 ②를 연립하여 식을 구함

집합

집합과 원소

① 집합: 어떤 기준에 의하여
  그 대상을 분명히 정할 수
  있는 것들의 모임

② 원소: 집합을 이루는 대상 하나하나

$$\overset{\text{원소}}{a} \in \overset{\text{집합}}{A} \qquad a \notin A$$

a는 A에 속함 a는 A에 속하지 않음

집합의 분류

① 유한집합: 원소가 유한 개

  *공집합: 원소가 없음(유한집합) $\Rightarrow \phi$

② 무한집합: 원소가 무수히 많음

집합의 표현

집합 A는 10이하의 홀수라고 할 때

① 원소나열법

  $\Rightarrow A = \{1,3,5,7,9\}$

② 조건제시법

  $\Rightarrow A = \{x \,|\, \underline{x는\ 10이하의\ 홀수}\}$

  $\phantom{\Rightarrow A = \{x \,|\, }\underset{x의\ 조건}{}$

③ 벤다이어그램

부분집합

부분집합 집합 A의 원소가 모두 집합 B에 속할 때, A는 B의 부분집합

$$A \subset B \qquad A \not\subset B$$

A는 B에 속함 A는 B에 속하지 않음

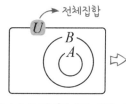

→ 전체집합

$A \subset A, \ B \subset B$ ① $A \subset B$ and $B \subset A$ $\Rightarrow$ $A = B$

$A \subset U, \ B \subset U$ ② $A \subset B$ and $B \subset C$ $\Rightarrow$ $A \subset C$

$\varnothing \subset A, \ \varnothing \subset B$ ③ **진부분집합** $\Rightarrow$ $A \subset B$ and $A \neq B$

↳ $\varnothing$은 모든 집합의 부분집합 A는 B의 진부분집합

부분집합의 개수

$A = \{ \underbrace{k_1, k_2, k_3, \cdots, k_n}_{n\text{개}} \}$

① A의 부분집합의 개수 $\Rightarrow$ 2^n

② A의 진부분집합의 개수 $\Rightarrow$ $2^n - 1$

③ A의 특정한 원소 m개를 반드시 포함하는 (또는 포함하지 않는) 부분집합의 개수 $\Rightarrow$ 2^{n-m}

집합의 종류

합집합

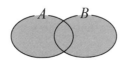

$A \cup B = \left\{ x \mid x \in A \text{ or } x \in B \right\}$

교집합

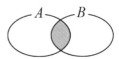

$A \cap B = \left\{ x \mid x \in A \text{ and } x \in B \right\}$

① $A \cup \varnothing = A$ ② $A \cup A = A$ ③ $A \cap \varnothing = \varnothing$ ④ $A \cap A = A$
⑤ $A \cup (A \cap B) = A$ ⑥ $A \cap (A \cup B) = A$

여집합

$A^C = \left\{ x \mid x \in U \text{ and } x \notin A \right\}$

차집합

$A - B = \left\{ x \mid x \in A \text{ and } x \notin B \right\}$

① $A \cup A^C = U$ ② $A \cap A^C = \varnothing$ ③ $U^C = \varnothing$ ④ $\varnothing^C = U$ ⑤ $(A^C)^C = A$
⑥ $A^C = U - A$ ⑦ $A - B = A \cap B^C = A - (A \cap B) = (A \cup B) - B = B^C - A^C$

집합의 연산

집합의 여러가지 표현

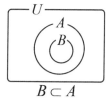

$A \cup B = A$ (합집합은 큰 것)
$A \cap B = B$ (교집합은 작은 것)
$B - A = B \cap A^C = \varnothing$
$A^C \subset B^C$

$B \subset A$

$A - B = A$
$B - A = B$
$A \subset B^C$
$B \subset A^C$

$A \cap B = \varnothing \Rightarrow$ 서로소

집합의 연산

① 교환법칙
$$A \cup B = B \cup A$$
$$A \cap B = B \cap A$$

② 결합법칙
$$(A \cup B) \cup C = A \cup (B \cup C)$$
$$(A \cap B) \cap C = A \cap (B \cap C)$$

③ 분배법칙
$$A \cup (B \cap C) = (A \cup B) \cap (A \cup C)$$
$$A \cap (B \cup C) = (A \cap B) \cup (A \cap C)$$

④ 드모르간의 법칙
$$(A \cup B)^C = A^C \cap B^C$$
$$(A \cap B)^C = A^C \cup B^C$$

배수집합과 대칭차집합

배수집합의 연산

자연수 k, l, m의 양의 배수의 집합을 A_k, A_l, A_m이라 할 때,

① $A_m \cap A_l = A_k$ (k는 m과 l의 최소공배수) (예) $A_2 \cap A_3 = A_6$

② $A_m \cup A_l = A_m$ (l은 m의 배수) (예) $A_2 \cup A_4 = A_2$

대칭차집합

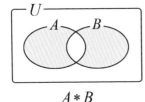

$A * B$

$A * B = (A - B) \cup (B - A)$

$\quad\quad = (A \cup B) - (B \cap A)$

$\quad\quad = (A \cup B) \cap (B \cap A)^c$

*교환법칙과 결합법칙 성립

유한집합의 원소의 개수

$n(A) \Rightarrow$ 집합 A의 **원소의 개수**

① $n(A \cup B) = n(A) + n(B) - n(A \cap B)$

② $n(A^c) = n(U) - n(A)$

③ $n(A - B) = n(A) - n(A \cap B)$

$\qquad = n(A \cup B) - n(B)$

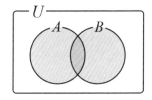

④ $n(A \cup B \cup C) = n(A) + n(B) + n(C)$

$\qquad -n(A \cap B) - n(B \cap C) - n(C \cap A)$

$\qquad +n(A \cap B \cap C)$

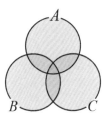

명제의 조건과 진리집합

명제 참, 거짓을 판별할 수 있는 문장 또는 식

명제 p와 $\sim p(not\ p)$에 대하여

p가 참 ⇨ $\sim p(not\ p)$는 거짓	p가 거짓 ⇨ $\sim p(not\ p)$는 참

조건 미지수의 값에 따라 참, 거짓이 판별되는 문장 또는 식

진리집합 전체집합의 원소 중에서 조건이 참이 되게 하는 원소의 집합

조건 p의 진리집합 P ⇨ $\sim p$의 진리집합 P^c

$\sim(\sim p) = p$ ⇨ $(\mathrm{P}^c)^c = \mathrm{P}$

조건 p 또는 q ⇨ $\mathrm{P} \cup \mathrm{Q}$ 조건 p 그리고 q ⇨ $\mathrm{P} \cap \mathrm{Q}$

⬇부정   ⬇부정

$\sim p$ 그리고 $\sim q$ ⇨ $\mathrm{P}^c \cap \mathrm{Q}^c$ $\sim p$ 또는 $\sim q$ ⇨ $\mathrm{P}^c \cup \mathrm{Q}^c$

$= (\mathrm{P} \cup \mathrm{Q})^c$ $= (\mathrm{P} \cap \mathrm{Q})^c$

충분조건과 필요조건

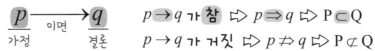

$\underline{p}_{\text{가정}} \xrightarrow{\text{이면}} \underline{q}_{\text{결론}}$

$p \to q$ 가 **참** $\Rightarrow p \Rightarrow q \Rightarrow P \subset Q$

$p \to q$ 가 **거짓** $\Rightarrow p \not\Rightarrow q \Rightarrow P \not\subset Q$

$p \Rightarrow q$	$p \Leftrightarrow q$
p는 q이기 위한 **충분조건** q는 p이기 위한 **필요조건**	p와 q는 서로 **필요충분조건**
$P \subset Q$ (Q 안에 P)	$P \equiv Q$ (P = Q)

명제의 역과 대우

명제의 역과 대우

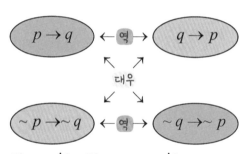

명제가 참이면 그 대우도 참이다
(대우가 참이면 그 명제도 참이다)

삼단논법

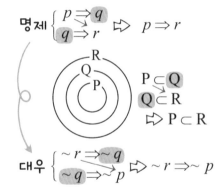

증명법

대우를 이용한 증명법

명제의 증명보다
대우의 증명이 더 쉬운 경우 이용

명제 '자연수 a, b에 대하여
$a+b$가 홀수이면
a, b중 <u>적어도 하나는 홀수이다</u>'

대우 ⇨ a, b 모두 짝수이면 ← 부정
$a+b$는 짝수이다
$a = 2m, \ b = 2n \ (m, n$은 자연수$)$
$a+b = 2m+2n = 2(m+n)$
∴ 대우가 참 ⇨ 명제가 참

귀류법

명제 '$\sqrt{2}$는 유리수가 아니다'

결론부정 ⇨ $\sqrt{2}$는 유리수이다

$\sqrt{2} = \dfrac{n}{m} \ (m, n$은 서로소인 자연수$)$

$2 = \dfrac{n^2}{m^2} \ ⇨ \ n^2 = 2m^2 \ \cdots ㉠$

n^2이 2의 배수 ⇨ n도 2의 배수
$n = 2k$를 ㉠에 대입
$4k^2 = 2m^2 \ ⇨ \ 2k^2 = m^2$
m^2이 2의 배수 ⇨ m도 2의 배수
<u>m, n이 서로소가 아님</u> ⇨ 모순
⇨ 명제가 참

181

절대부등식

절대부등식 미지수에 관계없이 항상 성립하는 부등식

① $a^2 \pm ab + b^2 \geq 0$ (단, 등호는 $a = b = 0$일 때 성립)

② $a^2 \pm 2ab + b^2 \geq 0$ (단, 등호는 $a = \mp b$일 때 성립, 복부호동순)

③ $a^2 + b^2 + c^2 - ab - bc - ca \geq 0$ (단, 등호는 $a = b = c$일 때 성립)

④ $a > 0$, $b > 0$, $c > 0$ 이면 $a^3 + b^3 + c^3 \geq 3abc$ (단, 등호는 $a = b = c$일 때 성립)

⑤ $|a| + |b| \geq |a + b|$ (단, 등호는 $ab \geq 0$일 때 성립)

⑥ $|a + b| \geq |a| - |b|$

┌─ **실수의 성질**(a, b 는 실수) ─────────────
│ ① $a > b \Leftrightarrow a - b > 0$ ② $a^2 + b^2 = 0 \Leftrightarrow a = b = 0$
│ ③ $a^2 \geq 0$, $a^2 + b^2 \geq 0$ ④ $|a|^2 = a^2$, $|ab| = |a||b|$
│ ⑤ $a > 0$, $b > 0$ 일 때, $a > b \Leftrightarrow a^2 \geq b^2 \Leftrightarrow \sqrt{a} > \sqrt{b}$
└──────────────────────────────────────

산술평균과 기하평균

산술평균 · 기하평균

$a > 0$, $b > 0$ 일 때

$$\boxed{\frac{a+b}{2}} \geq \boxed{\sqrt{ab}} \ \Rightarrow \ a+b \geq 2\sqrt{ab} \ \text{(단, 등호는 } a = b \text{일 때 성립)}$$

산술평균 기하평균

① $a+b$ 가 일정 $\Rightarrow$ ab 의 최댓값 구하기

② ab 가 일정 $\Rightarrow$ $a+b$ 의 최솟값 구하기

코시-슈바르츠 부등식

a, b, x, y 는 실수

$$(a^2 + b^2)(x^2 + y^2) \geq (ax + by)^2 \ \text{(단, 등호는 } \frac{x}{a} = \frac{y}{b} \text{일 때 성립)}$$

함수

함수

X의 각 원소에 Y의 원소가 오직 하나 대응

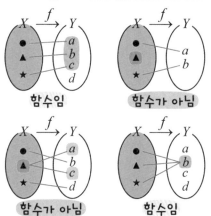

함수임

함수가 아님

함수가 아님

함수임

정의역 · 공역 · 치역

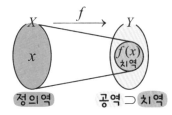

정의역

공역 ⊃ 치역

서로 같은 함수

$f = g$

① 정의역, 공역이 같음

② 정의역의 모든 x에 대하여
$f(x) = g(x)$

함수의 분류

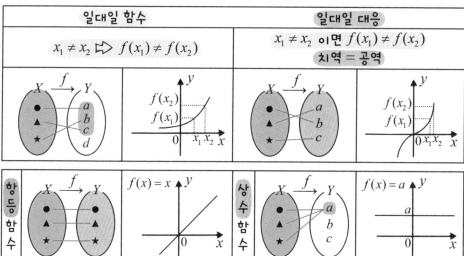

일대일 함수		일대일 대응	
$x_1 \neq x_2 \Rightarrow f(x_1) \neq f(x_2)$		$x_1 \neq x_2$ 이면 $f(x_1) \neq f(x_2)$ 치역 = 공역	

*항등함수는 $f(x) = x$ (즉, $y = x$) 밖에 없음

185

함수의 개수

$n(X) = l$, $n(Y) = k$

$f : X \to Y$

① 함수의 개수 ⇨ k^l

② 일대일 함수의 개수 ⇨ $_k\mathrm{P}_l$

⇨ $\underbrace{k \times (k-1) \times (k-2) \times \cdots \times (k-l+1)}_{l \text{개}}$ (단, $k \geq l$)

③ 일대일 대응의 개수 ⇨ $k!$

⇨ $k \times (k-1) \times (k-2) \times \cdots \times 2 \times 1$ (단, $k = l$)

④ 상수함수의 개수 ⇨ k

합성함수

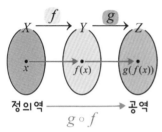

정의역 ────────→ 공역
$g \circ f$

함수 f와 g에 대하여
X의 각 원소에 Z의 원소 $g(f(x))$를
대응시키는 새로운 함수

$$g \circ f(x) = g(\underline{f(x)})$$

g의 x에 $f(x)$를 대입
(단, f의 치역 $\subset$ g의 정의역)

합성함수의 성질

세 함수 f, g, h에 대하여

① 교환법칙 성립하지 않음
$$g \circ f \neq f \circ g$$

② 결합법칙 성립
$$h \circ (g \circ f) = (h \circ f) \circ g$$

③ $f \circ I = I \circ f = f$
(I는 항등함수 $y = x$)

역함수

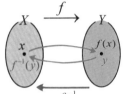

공역 = 치역 f^{-1} 정의역

함수 f가 일대일대응일 때
Y의 각 원소에 X의 원소 $f(y)$를
대응시키는 새로운 함수

$$x = f^{-1}(y)$$

f의 역함수가 존재함 $\Leftrightarrow$ f가 일대일대응

*f와 f^{-1}의 정의역과 치역이 바뀜

역함수 만들기(f는 일대일대응)

$f : y = x + 2$ ⟩ x에 대하여 풀
$\quad\quad x = y - 2$
⟩ x와 y를 바꿈
$f^{-1} : y = x - 2$

f와 f^{-1}는 $y = x$에 대해 대칭

역함수의 성질

① $(f^{-1})^{-1} = f$

② $f(a) = b \Leftrightarrow f^{-1}(b) = a$

③ $(f^{-1} \circ f)(x) = x \Rightarrow f^{-1} \circ f = I$

④ $g \circ f = I \ or \ f \circ g = I \Rightarrow g = f^{-1}$

⑤ $(g \circ f)^{-1} = f^{-1} \circ g^{-1}$

여러 가지 함수의 그래프

그래프의 대칭성

① $\underline{f(-x) = f(x)}$ ⇨ y축에 대하여 대칭
  x의 부호가 반대

② $\underline{f(-x) = -f(x)}$ ⇨ 원점에 대하여 대칭
  x, y의 부호가 반대

주기함수

상수함수가 아닌 함수 f에서
$f(x+a) = f(x)$를 만족시키는 a가
존재할 때 f를 주기함수라 한다 (단, $a \neq 0$)

*주기 ⇨ a의 값 중에서 최소인 양수

(예) $f(x+2) = f(x)$ ⇨ $\cdots = f(-2) = f(0) = f(2) = \cdots$

절댓값 기호를 포함한 식의 그래프

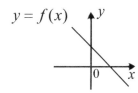

$y = f(x)$

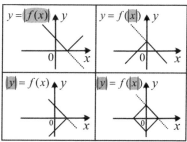

$y = |f(x)|$ $y = f(|x|)$

$|y| = f(x)$ $|y| = f(|x|)$

유리식

유리식

두 다항식 A, $B(B \neq 0)$에 대하여 $\dfrac{A}{B}$ 꼴로 나타내어지는 식 $\begin{cases} \text{분수식} \\ \text{다항식}(B \text{가 상수}) \end{cases}$

특수한 형태의 유리식

① 분자의 차수 ≥ 분모의 차수 ⇨ 다항식 + 유리식 꼴(표준형)로 변형 (189p 참고)

$$\frac{x+3}{x-1} = \frac{(x-1)+4}{x-1} = 1 + \frac{4}{x-1}$$

② 부분분수 ⇨ $\dfrac{1}{AB} = \dfrac{1}{B-A}\left(\dfrac{1}{A} - \dfrac{1}{B}\right)$ (단, $A \neq B$)

$$\frac{2}{x(x+2)} = \frac{2}{(x+2)-x}\left(\frac{1}{x} - \frac{1}{x+2}\right) = \left(\frac{1}{x} - \frac{1}{x+2}\right)$$

③ 번분수 ⇨ $\dfrac{\dfrac{D}{C}}{\dfrac{B}{A}} = \dfrac{AD}{BC}$

$$\dfrac{\dfrac{x-1}{x}}{x - \dfrac{1}{x}} = \dfrac{\dfrac{x-1}{x}}{\dfrac{x^2-1}{x}} = \frac{x(x-1)}{x(x^2-1)} = \frac{x(x-1)}{x(x+1)(x-1)} = \frac{1}{x+1}$$

유리함수

$$y = \frac{k}{x} \xrightarrow[\text{평행이동}]{\substack{x\text{축으로 } p \text{만큼} \\ y\text{축으로 } q \text{만큼}}} y = \frac{k}{x-p} + q \ (k \neq 0)$$

① 정의역 $\{x \mid x \neq 0$ 인 실수$\}$

    치역 $\{y \mid y \neq 0$ 인 실수$\}$

② 점근선 $x = 0$

          $y = 0$

③ 점 $(0,0)$ 에 대하여 대칭

④ $y = \pm x$ 에 대하여 대칭

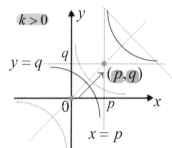

① 정의역 $\{x \mid x \neq p$ 인 실수$\}$

    치역 $\{y \mid y \neq q$ 인 실수$\}$

② 점근선 $x = p$

          $y = q$

③ 점 (p,q) 에 대하여 대칭

④ $y = \pm(x-p) + q$

    에 대하여 대칭

$k > 0 \Rightarrow$ 점근선을 기준으로 제 1, 3 사분면 위치

$k < 0 \Rightarrow$ 점근선을 기준으로 제 2, 4 사분면 위치

유리함수의 그래프

$$y = \frac{ax+b}{cx+d} \,(ad - bc \neq 0, \ c \neq 0) \longrightarrow y = \frac{k}{x-p} + q \ (k \neq 0) \ \text{꼴로 변형}$$

$$\underbrace{\phantom{y = \frac{ax+b}{cx+d}}}_{\text{일반형}} \qquad\qquad \underbrace{\phantom{y = \frac{k}{x-p} + q}}_{\text{표준형}}$$

(예)
$$y = \frac{2x+3}{x-2}$$

$$= \frac{2(x-2)+7}{x-2}$$

$$= \frac{7}{x-2} + 2$$

$$\begin{array}{r} 2 \\ x-2 \overline{)\ 2x+3} \\ \underline{2x-4} \\ 7 \end{array}$$

정의역 $\{x \mid x \neq 2 \text{ 인 실수}\}$

치역 $\{y \mid y \neq 2 \text{ 인 실수}\}$

점근선 $x = 2, \quad y = 2$

점 $(2, 2)$ 에 대하여 대칭

$$f(x) = \frac{ax+b}{cx+d} \text{ 의 역함수} \implies f^{-1}(x) = \frac{-dx+b}{cx-a}$$

f 와 f^{-1} 은 $y = x$ 에 대하여 대칭 (치역과 정의역이 바뀜)

무리함수

무리식

근호안에 문자가 포함된 식 중에서 유리식으로 나타낼 수 없는 식

근호안의 식의 값 ≥ 0, 분모 $\neq 0$ $\Leftrightarrow$ 무리식의 값이 실수

무리함수

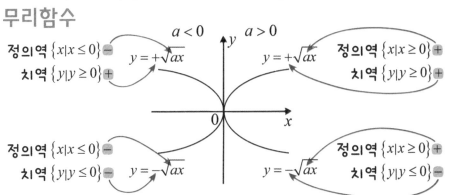

$a < 0$ $a > 0$

정의역 $\{x | x \leq 0\}$ ⊖
치역 $\{y | y \geq 0\}$ ⊕
$y = +\sqrt{ax}$

$y = +\sqrt{ax}$
정의역 $\{x | x \geq 0\}$ ⊕
치역 $\{y | y \geq 0\}$ ⊕

정의역 $\{x | x \leq 0\}$ ⊖
치역 $\{y | y \leq 0\}$ ⊖
$y = -\sqrt{ax}$

$y = -\sqrt{ax}$
정의역 $\{x | x \geq 0\}$ ⊕
치역 $\{y | y \leq 0\}$ ⊖

무리함수의 그래프

$$y = \sqrt{ax} \xrightarrow[\text{평행이동}]{\substack{x\text{축으로 } p \text{만큼} \\ y\text{축으로 } q \text{만큼}}} y = \sqrt{a(x - p)} + q \ (a \neq 0)$$

$a > 0$, 정의역 $\{x \mid x \geq 0\}$
치역 $\{y \mid y \geq 0\}$

$a < 0$, 정의역 $\{x \mid x \leq 0\}$
치역 $\{y \mid y \geq 0\}$

그래프 시작점 ⇨ $(0, 0)$

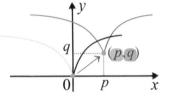

$a > 0$, 정의역 $\{x \mid x \geq p\}$
치역 $\{y \mid y \geq q\}$

$a < 0$, 정의역 $\{x \mid x \leq p\}$
치역 $\{y \mid y \geq q\}$

그래프 시작점 ⇨ (p, q)

$$\underset{\text{일반형}}{y = \sqrt{ax + b} + c \ (a \neq 0)} \xrightarrow[\text{표준형}]{} y = \sqrt{a(x - p)} + q \text{ 꼴로 변형}$$

(예) $y = \sqrt{2 - 2x} + 1$
$= \sqrt{-2(x - 1)} + 1$

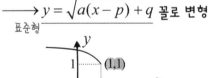

정의역 $\{x \mid x \leq 1\}$
치역 $\{y \mid y \geq 1\}$
그래프 시작점 ⇨ $(1, 1)$

194

무리함수의 역함수

$y = \sqrt{ax+b} + c \ (a \neq 0)$ 의 **역함수**

(예) $f : y = \sqrt{4x-2} + 2$ ▷ 정의역 $\left\{ x \mid x \geq \dfrac{1}{2} \right\}$, 치역 $\{ y \mid y \geq 2 \}$

$y - 2 = \sqrt{4x-2}$

↘ 양변제곱

$(y-2)^2 = 4x - 2$

$4x = (y-2)^2 + 2$

↘ x에 대하여 풂

$x = \dfrac{1}{4}(y-2)^2 + \dfrac{1}{2}$

↘ x와 y를 바꿈

$f^{-1} : y = \dfrac{1}{4}(x-2)^2 + \dfrac{1}{2}$ ▷ 정의역 $\{ x \mid x \geq 2 \}$, 치역 $\left\{ y \mid y \geq \dfrac{1}{2} \right\}$

f와 f^{-1}은 $y = x$에 대하여 대칭 (치역과 정의역이 바뀜)

고등수학
대수
part
8

수포의공식집

Part 8
고등수학 〈대수〉

지수함수와 로그함수

삼각함수

수열

거듭제곱근

$x^n = a$ 를 만족시키는 x 를 a 의 n 제곱근이라 한다
(단, a 는 실수, $n \geq 2$ 인 자연수)

> a 의 제곱근 $\overset{\bullet}{\sqrt{a}}$ ← 2생략
> a 의 세제곱근 $\sqrt[3]{a}$

* 실수 a 의 n 제곱근은 n 개임

(예) 3 의 제곱근 : $\sqrt{3}, -\sqrt{3}$ ⇨ 2개

* 실수 a 의 n 제곱근 중 실수인 것

	$a > 0$	$a = 0$	$a < 0$
n 이 짝수	$\sqrt[n]{a}, \ -\sqrt[n]{a}$	0	없다
n 이 홀수	$\sqrt[n]{a}$	0	$\sqrt[n]{a}$

거듭제곱근의 성질

거듭제곱근의 성질

$a > 0$, $b > 0$ 이고 m, n은 2이상의 자연수

① $(\sqrt[n]{a})^n = a$

② $\sqrt[n]{a}\sqrt[n]{b} = \sqrt[n]{ab}$

③ $\dfrac{\sqrt[n]{a}}{\sqrt[n]{b}} = \sqrt[n]{\dfrac{a}{b}}$

④ $(\sqrt[n]{a})^m = \sqrt[n]{a^m}$

⑤ $\sqrt[m]{\sqrt[n]{a}} = \sqrt[mn]{a} = \sqrt[n]{\sqrt[m]{a}}$

⑥ $\sqrt[np]{a^{mp}} = \sqrt[n]{a^m}$ (p는 자연수)

* $\sqrt[n]{a^n} = \begin{cases} a & (n이\ 홀수) \\ |a| & (n이\ 짝수) \end{cases} = \begin{cases} a(a \geq 0) \\ -a(a < 0) \end{cases}$

거듭제곱근의 대소 비교

$a > 0$, $b > 0$ $\Rightarrow$ $a > b \Leftrightarrow \sqrt[n]{a} > \sqrt[n]{b}$ (단, $n \geq 2$인 자연수)

지수의 확장

지수의 정의

(1) $a \neq 0$이고, n이 양의 정수

① $a^0 = 1$ ② $a^{-n} = \dfrac{1}{a^n}$

(2) $a > 0$이고, m은 정수, n은 2이상의 정수

① $a^{\frac{m}{n}} = \sqrt[n]{a^m}$ $(a^{\frac{1}{n}} = \sqrt[n]{a})$ ② $a^{-\frac{m}{n}} = \dfrac{1}{a^{\frac{m}{n}}} = \dfrac{1}{\sqrt[n]{a^m}}$

지수법칙 $a \neq 0$, $b \neq 0$이고 m, n이 실수

① $a^x a^y = a^{x+y}$ ② $a^x \div a^y = a^{x-y}$ ③ $(a^x)^y = a^{xy}$ ④ $(ab)^x = a^x b^x$

지수의 식 변형

$a^x = b^y = c^z = k$ $\Rightarrow$ $a = k^{\frac{1}{x}}$, $b = k^{\frac{1}{y}}$, $c = k^{\frac{1}{z}}$ (단, $a > 0$, $b > 0$, $c > 0$, $xyz \neq 0$)

로그

로그의 정의

$a > 0, \ a \neq 1, \ N > 0$

진수의 조건
$\Rightarrow N > 0$

$$a^x = \overline{N} \implies x = \log_a \overline{N}$$

진수

밑

밑의 조건
$\Rightarrow a > 0, \ a \neq 1$

로그의 성질

$a > 0, \ a \neq 1, \ x > 0, \ y > 0$

① $\log_a 1 = 0 \ (\because a^0 = 1), \quad \log_a a = 1$ ② $\log_a xy = \log_a x + \log_a y$

③ $\log_a \dfrac{x}{y} = \log_a x - \log_a y$ ④ $\log_a x^n = n \log_a x$

밑의 변환 공식

$a > 0,\ a \neq 1,\ b > 0$

① $\log_a b = \dfrac{\log_k b}{\log_k a}$ (단, $k > 0,\ k \neq 1$)

(예) $\log_4 5 = \dfrac{\log_3 5}{\log_3 4}$

② $\log_a b = \dfrac{1}{\log_b a}$ (단, $b \neq 1$)

(예) $\log_4 5 = \dfrac{1}{\log_5 4}$

로그의 여러가지 성질

$a > 0,\ a \neq 1,\ b > 0,\ b \neq 1,\ c > 0,\ c \neq 1$

① $(\log_a b)(\log_b a) = 1$

② $\log_{a^m} b^n = \dfrac{n}{m} \log_a b$ (단, $m \neq 0$)

③ $a^{\log_a b} = b$

④ $a^{\log_c b} = b^{\log_c a}$

상용로그

상용로그 10을 밑으로 하는 로그 $\Rightarrow$ $\underline{\log N}$ (단, $N > 0$)
　　　　　　　　　　　　　　　　　　밑을 생략함

상용로그의 정수부분과 소수부분

$N > 0, \ \log N = \boxed{k} + \alpha$

정수부분 ⟵──┘　└──⟶ 소수부분 $(0 \le \alpha < 1)$

$k > 0 \Rightarrow N$의 정수부분은 $k + 1$자리

$k < 0 \Rightarrow N$은 소수점 아래 $\underline{-k}$번째
　　　　　　자리에서 처음으로 0이 아닌
　　　　　　숫자가 나타남

> 두 상용로그의 N의 숫자 배열이 같음
> $\Leftrightarrow$ 두 상용로그의 소수부분이 같음
> $\Leftrightarrow$ 두 상용로그의 차 $=$ 정수

$*\ k \le \log N < k + 1 \Rightarrow [\log N] = k$ ($[x]$는 x를 넘지 않는 최대 정수)

지수함수

$y = a^x \ (a > 0, \ a \neq 1)$ **의 그래프**

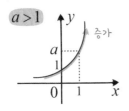 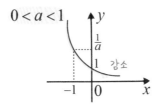

① 정의역 $\{x | x$ 는 모든 실수$\}$
치역 $\{y | y > 0$ 인 실수$\}$
② $(0,1)$ 을 지남
③ 점근선 $\Rightarrow y = 0 \ (x$ 축$)$

$$\xrightarrow[\text{평행이동}]{x\text{축으로 } \boldsymbol{m} \text{만큼, } y\text{축으로 } \boldsymbol{n} \text{만큼}} \quad y = a^{x-\boldsymbol{m}} + \boldsymbol{n}$$

$\boxed{y = a^x}$

x 축 대칭 $\longrightarrow y = -a^x$

y 축 대칭 $\longrightarrow y = a^{-x} = \left(\dfrac{1}{a}\right)^x$

원점 대칭 $\longrightarrow y = -a^{-x} = -\left(\dfrac{1}{a}\right)^x$

204

지수방정식과 부등식

지수방정식

$a > 0,\ a \neq 1$

$a^{x_1} = a^{x_2} \iff x_1 = x_2$

① $a^{f(x)} = a^{g(x)}$
　　$\Rightarrow a = 1\ or\ f(x) = g(x)$

② $a^{f(x)} = b^{f(x)}\ (a > 0,\ b > 0)$
　　$\Rightarrow a = b\ or\ f(x) = 0$

* a^x의 꼴이 반복될 때 $\Rightarrow a^x = t\ (t > 0)$로 치환하여
　　　　　　　　　　　　t에 대한 방정식 또는 부등식을 품

*밑을 같게 할 수 없을 때 $\Rightarrow$ 양변에 $\log$를 취하여 품

지수부등식

① $a > 1$
　　$a^{f(x)} > a^{g(x)}$
　　$\Rightarrow f(x) > g(x)$ 부등호 그대로

② $0 < a < 1$
　　$a^{f(x)} > a^{g(x)}$
　　$\Rightarrow f(x) < g(x)$ 부등호 반대로

로그함수

$y = \log_a x \ (a > 0, \ a \neq 1)$

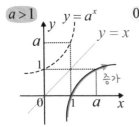

① 정의역 $\{x | x > 0 \text{ 인 실수}\}$
　치역 $\{y | y \text{는 모든 실수}\}$
② $(1, 0)$을 지남
③ 점근선 $\Rightarrow x = 0 \ (y축)$

$\boxed{\begin{array}{c} y = a^x \\ \updownarrow \text{역함수} \\ y = \log_a x \end{array}}$ $\boxed{y = \log_a x}$

$\xrightarrow[\text{평행이동}]{x축으로 \ m \text{만큼, } y축으로 \ n \text{만큼}} y = \log_a(x - m) + n$

$\xrightarrow{x축 \ \text{대칭}} y = -\log_a x = \log_a \dfrac{1}{x}$

$\xrightarrow{y축 \ \text{대칭}} y = \log_a(-x)$

$\xrightarrow{\text{원점 \ 대칭}} y = -\log_a(-x) = \log_a\left(-\dfrac{1}{x}\right)$

로그방정식과 부등식

로그방정식

$a > 0,\ a \neq 1,\ x > 0$

$\log_a x_1 = \log_a x_2 \Leftrightarrow x_1 = x_2$

① $\log_a f(x) = \log_a g(x)$
   $\Rightarrow f(x) = g(x)$

② $\log_a f(x) = \log_b f(x)$
   $\Rightarrow a = b\ \ or\ \ f(x) = 1$

(단, $b > 0,\ b \neq 1,\ f(x) > 0,\ g(x) > 0$)

* $\log_a f(x)$꼴이 반복될 때 $\Rightarrow \log_a f(x) = t$로 치환하여
                       t에 대한 방정식 또는 부등식을 품

* 지수에 $\log$가 있을 때 $\Rightarrow$ 양변에 $\log$를 취하여 품

로그부등식

① $a > 1$

  $\log_a f(x) > \log_a g(x)$
  $\Rightarrow f(x) > g(x) > 0$ 부등호 그대로

② $0 < a < 1$

  $\log_a f(x) > \log_a g(x)$
  $\Rightarrow 0 < f(x) < g(x)$ 부등호 반대로

일반각

일반각
동경 OP가 나타내는 일반각
$\theta = 360° \times n + \alpha°$ (단, n은 정수)

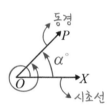

동경의 위치관계 (단, n은 정수)

일치	x 축 대칭	y 축 대칭	원점 대칭	$y=x$ 대칭	$y=-x$ 대칭
$\alpha - \beta = 2n\pi$	$\alpha + \beta = 2n\pi$	$\alpha + \beta = 2n\pi + \pi$	$\alpha - \beta = 2n\pi + \pi$	$\alpha + \beta = 2n\pi + \dfrac{\pi}{2}$	$\alpha + \beta = 2n\pi + \dfrac{3}{2}\pi$

호도법

호도법

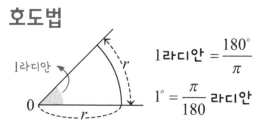

$$1 라디안 = \frac{180°}{\pi}$$

$$1° = \frac{\pi}{180} 라디안$$

30°	45°	60°	90°
$\dfrac{\pi}{6}$	$\dfrac{\pi}{4}$	$\dfrac{\pi}{3}$	$\dfrac{\pi}{2}$
135°	180°	270°	360°
$\dfrac{3}{4}\pi$	π	$\dfrac{3}{2}\pi$	2π

부채꼴의 호의 길이와 넓이

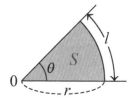

$$l = r\theta$$

$$S = \frac{1}{2}rl = \frac{1}{2}r^2\theta$$

삼각함수

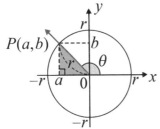

동경 OP가 나타내는 일반각

$$\sin\theta = \frac{b}{r} \quad \cos\theta = \frac{a}{r}$$

$$\tan\theta = \frac{b}{a} \quad (a \neq 0)$$

삼각함수 값의 부호

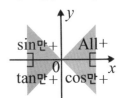

삼각함수 사이의 관계

① $\tan\theta = \dfrac{\sin\theta}{\cos\theta}$

② $\underline{\sin^2\theta + \cos^2\theta = 1}$

　$= (\sin\theta)^2$

특수각의 삼각비

	$\dfrac{\pi}{6}(30°)$	$\dfrac{\pi}{4}(45°)$	$\dfrac{\pi}{3}(60°)$
$\sin\theta$	$\dfrac{1}{2}$	$\dfrac{\sqrt{2}}{2}$	$\dfrac{\sqrt{3}}{2}$
$\cos\theta$	$\dfrac{\sqrt{3}}{2}$	$\dfrac{\sqrt{2}}{2}$	$\dfrac{1}{2}$
$\tan\theta$	$\dfrac{\sqrt{3}}{3}$	1	$\sqrt{3}$

$y = \sin x$ 의 그래프

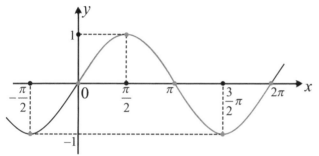

① 정의역 $\{x | x \text{ 는 모든 실수}\}$
② 치역 $\{y | -1 \le y \le 1\}$
③ 원점 대칭
$$\sin(-x) = -\sin x$$
④ 주기 $\Rightarrow$ 2π

$$y = a\sin x \xrightarrow[\text{평행이동}]{\substack{x \text{축으로} -\frac{c}{b} \text{만큼} \\ y \text{축으로 } d \text{만큼}}} y = a\sin(bx + c) + d$$

최댓값 $\Rightarrow$ $|a| + d$
최솟값 $\Rightarrow$ $-|a| + d$

주기 $\Rightarrow$ $\dfrac{2\pi}{|b|}$

211

$y = \cos x$ 의 그래프

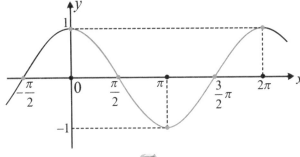

① 정의역 $\{x | x \text{ 는 모든 실수}\}$

② 치역 $\{y | -1 \le y \le 1\}$

③ y 축 대칭

$\cos(-x) = \cos x$

④ 주기 $\Rightarrow$ 2π

$$y = a \cos x \xrightarrow[\substack{y \text{축으로 } d \text{ 만큼} \\ \text{평행이동}}]{x \text{축으로 } -\frac{c}{b} \text{ 만큼}} y = a \cos(bx + c) + d$$

최댓값 $\Rightarrow |a| + d$

최솟값 $\Rightarrow -|a| + d$

주기 $\Rightarrow \dfrac{2\pi}{|b|}$

212

$y = \tan x$ 의 그래프

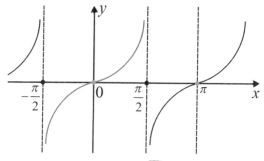

① 정의역 $\left\{x \mid x \neq n\pi + \dfrac{\pi}{2} \text{ 인 모든 실수}\right\}$
   (단, n은 정수)

② 치역 $\{y \mid y \text{ 는 모든 실수}\}$

③ 원점 대칭 $\tan(-x) = -\tan x$

④ 주기 $\Rightarrow$ π

⑤ 점근선 $\Rightarrow$ $x = n\pi + \dfrac{\pi}{2}$
   (단, n은 정수)

$$y = a\tan x \xrightarrow[\text{평행이동}]{\begin{array}{c} x\text{축으로 } -\frac{c}{b} \text{ 만큼} \\ y\text{축으로 } d \text{ 만큼} \end{array}} y = a\tan(bx + c) + d$$

최댓값
최솟값 $\Rightarrow$ 없음   주기 $\Rightarrow$ $\dfrac{\pi}{|b|}$

213

삼각함수의 성질

삼각함수의 성질

① $\sin(2n\pi + \theta) = \sin\theta$
$\cos(2n\pi + \theta) = \cos\theta$
$\tan(2n\pi + \theta) = \tan\theta$
제 **1** 사분면
$\Rightarrow$ All+

② $\sin(-\theta) = -\sin\theta$
$\cos(-\theta) = \cos\theta$
$\tan(-\theta) = -\tan\theta$
제 **4** 사분면
$\Rightarrow \cos$ 만 +

③ $\sin(\dfrac{\pi}{2} + \theta) = \cos\theta$
$\cos(\dfrac{\pi}{2} + \theta) = -\sin\theta$
$\tan(\dfrac{\pi}{2} + \theta) = -\dfrac{1}{\tan\theta}$
제 **2** 사분면
$\Rightarrow \sin$ 만 +

④ $\sin(\dfrac{\pi}{2} - \theta) = \cos\theta$
$\cos(\dfrac{\pi}{2} - \theta) = \sin\theta$
$\tan(\dfrac{\pi}{2} - \theta) = \dfrac{1}{\tan\theta}$
제 **1** 사분면
$\Rightarrow$ All+

⑤ $\sin(\pi + \theta) = -\sin\theta$
$\cos(\pi + \theta) = -\cos\theta$
$\tan(\pi + \theta) = \tan\theta$
제 **3** 사분면
$\Rightarrow \tan$ 만 +

⑥ $\sin(\pi - \theta) = \sin\theta$
$\cos(\pi - \theta) = -\cos\theta$
$\tan(\pi - \theta) = -\tan\theta$
제 **2** 사분면
$\Rightarrow \sin$ 만 +

삼각방정식과 삼각부등식

삼각방정식

$\cos x = \dfrac{1}{2}$ (단, $0 \le x < 2\pi$)

주어진 범위에서
두 그래프의 교점의
x좌표 찾기

$x = \dfrac{\pi}{3}$ or $\dfrac{5}{3}\pi$

삼각부등식

$\cos x \le \dfrac{1}{2}$ (단, $0 \le x < 2\pi$)

$y = \cos x$ 와 $y = \dfrac{1}{2}$ 그래프 그리기

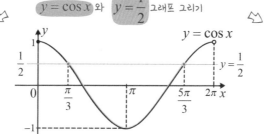

주어진 범위에서
조건에 맞는
x의 범위 찾기

$\dfrac{\pi}{3} \le x \le \dfrac{5}{3}\pi$

$\sin(ax+b) = k$ 꼴의 방정식 또는 $\sin(ax+b) > k$ 꼴의 부등식

⇨ $ax+b = t$ 로 치환
$\sin t = k$
⇨ $\genfrac{}{}{0pt}{}{삼각방정식}{삼각부등식}$ 풀이를 함 ⇨ $\genfrac{}{}{0pt}{}{x값}{x의\ 범위}$ 를 구함

사인법칙과 코사인법칙

사인법칙

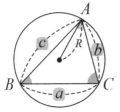

$$\frac{a}{\sin A} = \frac{b}{\sin B} = \frac{c}{\sin C} = 2R$$

$$a : b : c = \sin A : \sin B : \sin C$$

코사인법칙

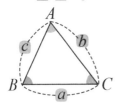

$$a^2 = b^2 + c^2 - 2bc\cos A \quad \Rightarrow \quad \cos A = \frac{b^2 + c^2 - a^2}{2bc}$$

$$b^2 = a^2 + c^2 - 2ac\cos B \quad \Rightarrow \quad \cos B = \frac{a^2 + c^2 - b^2}{2ac}$$

$$c^2 = a^2 + b^2 - 2ab\cos C \quad \Rightarrow \quad \cos C = \frac{a^2 + b^2 - c^2}{2ab}$$

삼각형의 넓이

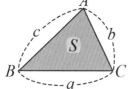

$$S = \frac{1}{2}ab\sin C = \frac{1}{2}bc\sin A = \frac{1}{2}ca\sin B$$

헤론의 공식 $S = \sqrt{s(s-a)(s-b)(s-c)}$ (단, $s = \frac{a+b+c}{2}$)

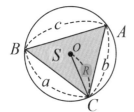

$$S = \frac{abc}{4R} = 2R^2\sin A\sin B\sin C$$

등차수열

등차수열 <u>첫째항</u>부터 일정한 수를 더하여 만들어지는 수열
   a $d = $ 공차

일반항 $a_{\underline{n}} = a + (n-1)d$ (n은 자연수)
         항의 수

등차중앙 $a, \underset{\uparrow}{b}, c$ 가 순서대로 등차수열을 이룰 때

└─ 등차중앙 $b = \dfrac{a+c}{2}$

등차수열의 합 등차수열의 첫째항부터 n항 까지의 합

첫째항 a, 공차 d
n항 l

$$S_n = \frac{n(a+l)}{2} = \frac{n\{2a+(n-1)d\}}{2}$$

S_n과 a_n의 관계 $a_1 = S_1,\ S_n - S_{n-1} = a_n$ ($n \geq 2$인 자연수)

등비수열

등비수열 첫째 항부터 일정한 수를 곱하여 만들어지는 수열

a $d = $ 공비

일반항 $\boxed{a_n = ar^{n-1}}$ (n은 자연수)

등차중앙 $a, \underline{b}, c$ 가 순서대로 등비수열을 이룰 때

└─ 등비중앙 $b^2 = ac$

등비수열의 합 등비수열의 첫째항부터 n항 까지의 합

첫째 항 a, 공비 r $S_n = \begin{cases} na & (r = 1) \\ \dfrac{a(1-r^n)}{1-r} = \dfrac{a(r^n-1)}{r-1} & (r \neq 1) \end{cases}$

$\underset{r < 1 일 \ 때}{\phantom{\dfrac{a(1-r^n)}{1-r}}}$ $\underset{r > 1 일 \ 때}{\phantom{\dfrac{a(r^n-1)}{r-1}}}$

S_n과 a_n의 관계 $a_1 = S_1$, $\boxed{S_n - S_{n-1} = a_n}$ ($n \geq 2$인 자연수)

수열의 합 시그마 $\Sum$

$$\sum_{k=1}^{n} a_k = a_1 + a_2 + a_3 + \cdots + a_n = S_n$$

마지막 → (n)
일반항 ← a_k
시작 ← $k=1$
첫째항에서 n항 까지의 합

$\sum$의 성질

① $\displaystyle\sum_{k=1}^{n} (a_k \pm b_k) = \sum_{k=1}^{n} a_k \pm \sum_{k=1}^{n} b_k$

② $\displaystyle\sum_{k=1}^{n} ca_k = c\sum_{k=1}^{n} a_k$

③ $\displaystyle\sum_{k=1}^{n} c = cn$ (예) $\displaystyle\sum_{k=1}^{10} 2 = 20$

자연수의 거듭제곱의 합

① $\displaystyle\sum_{k=1}^{n} k = \frac{n(n+1)}{2}$ (예) $\displaystyle\sum_{k=1}^{10} k = \frac{10 \times 11}{2} = 55$

② $\displaystyle\sum_{k=1}^{n} k^2 = \frac{n(n+1)(2n+1)}{6}$

③ $\displaystyle\sum_{k=1}^{n} k^3 = \left\{ \frac{n(n+1)}{2} \right\}^2$

분수 꼴로 된 수열의 합

① 부분분수 꼴로 변형

$$\frac{1}{AB} = \frac{1}{B-A}\left(\frac{1}{A} - \frac{1}{B}\right) \ (단, A \neq B)$$

$$\frac{1}{ABC} = \frac{1}{C-A}\left(\frac{1}{AB} - \frac{1}{BC}\right) \ (단, A \neq C)$$

② 자연수를 차례로 대입하여 소거되고 남은 항을 계산함

$$\frac{1}{1\times2} + \frac{1}{2\times3} + \cdots + \frac{1}{10\times11}$$

$$= \sum_{k=1}^{10} \frac{1}{k(k+1)} = \sum_{k=1}^{10}\left(\frac{1}{k} - \frac{1}{k+1}\right) \quad \text{→ 부분분수 꼴로 변형}$$

$$= \left(1 - \frac{1}{2}\right) + \left(\frac{1}{2} - \frac{1}{3}\right) + \left(\frac{1}{3} - \frac{1}{4}\right) + \cdots + \left(\frac{1}{10} - \frac{1}{11}\right) \quad \text{→ } k\text{에 1부터 10까지 대입}$$

$$\text{→ 소거 후 남은 항 계산}$$

$$= 1 - \frac{1}{11} = \frac{10}{11}$$

무리식을 포함한 수열의 합

① 분모의 유리화
② 자연수를 차례로 대입하여 소거되고 남은 항을 계산함

$$\sum_{k=1}^{10} \frac{1}{\sqrt{k} + \sqrt{k+1}}$$

> 분모의 유리화

$$= \sum_{k=1}^{10} (-\sqrt{k} + \sqrt{k+1})$$

> k에 1부러 10까지 대입

$$= (-\sqrt{1} + \sqrt{2}) + (-\sqrt{2} + \sqrt{3})$$
$$+ (-\sqrt{3} + \sqrt{4}) + \cdots + (-\sqrt{10} + \sqrt{11})$$

> 소거 후 남은 항 계산

$$= -1 + \sqrt{11}$$

수학적 귀납법

명제 $p(n)$가 모든 자연수 n에 대하여 성립함을 증명하는 방법

① $n=$ 1 일 때, 명제 $p(n)$ 성립함 확인

② $n=$ k 일 때, 명제 $p(n)$ 성립한다고 가정

    ⇨ $n=k+1$일 때도 명제 $p(n)$ 성립함을 확인

(예) $1+2+3+\cdots+n=\dfrac{n(n+1)}{2}$ 의 증명

    ① $n=$ 1 일 때, 좌변 $=1$, 우변 $=1$ ⇨ 성립

    ② $n=$ k 일 때, 성립한다고 가정하고, 양변에 $k+1$을 더 함

$$\Rightarrow 1+2+3+\cdots+k+(k+1)=\frac{k(k+1)}{2}+(k+1)$$

$$=\frac{k(k+1)+2(k+1)}{2}=\frac{(k+1)(k+2)}{2} \Rightarrow n=k+1 \text{ 일 때도 성립}$$

    ∴ 모든 자연수 n에 대하여 주어진 식이 성립함

고등수학
미적분

part
9

수포의공식집

Part 9
고등수학 〈미적분1〉

함수의 극한과 연속

미분

Part 9
고등수학 〈미적분1〉

적분

함수의 극한

함수의 수렴

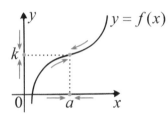

$$\Rightarrow \lim_{x \to a} f(x) = \underline{k}$$

극한값

x의 값이 a에 한없이 가까워질 때,
함숫값이 k에 한없이 가까워지면
함수 $f(x)$는 k에 수렴

함수의 발산

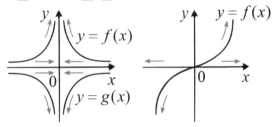

$$\Rightarrow \lim_{x \to 0} f(x) = \infty$$

$$\lim_{x \to 0} g(x) = -\infty$$

$$\Rightarrow \lim_{x \to \infty} f(x) = \infty$$

$$\lim_{x \to -\infty} f(x) = -\infty$$

함수가 수렴하지 않으면 발산

(양의 무한대 또는 음의 무한대)

극한값의 존재

좌극한

x 의 값이 a 보다 작으면서 a 에 한없이 가까워질 때 함숫값이 일정한 값 k에 가까워지는 것

$\Rightarrow \lim_{x \to a-} f(x) = \underline{k}$

  $x = a$ 에서의 좌극한

우극한

x 의 값이 a 보다 크면서 a 에 한없이 가까워질 때 함숫값이 일정한 값 k에 가까워지는 것

$\Rightarrow \lim_{x \to a+} f(x) = \underline{k}$

  $x = a$ 에서의 우극한

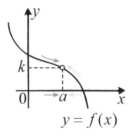

$y = f(x)$

극한값의 존재

$$\underline{\lim_{x \to a-} f(x)} = \underline{\lim_{x \to a+} f(x)} = \boxed{k} \Leftrightarrow \lim_{x \to a} f(x) = \boxed{k}$$

좌극한   우극한 $x = a$ 에서 극한값 존재

함수의 극한에 대한 성질

$\lim\limits_{x \to a} f(x)$, $\lim\limits_{x \to a} g(x)$ 이 수렴할 때,

① $\lim\limits_{x \to a} \{f(x) \pm g(x)\} = \lim\limits_{x \to a} f(x) \pm \lim\limits_{x \to a} g(x)$

② $\lim\limits_{x \to a} f(x)g(x) = \lim\limits_{x \to a} f(x) \times \lim\limits_{x \to a} g(x)$

③ $\lim\limits_{x \to a} \dfrac{f(x)}{g(x)} = \dfrac{\lim\limits_{x \to a} f(x)}{\lim\limits_{x \to a} g(x)}$ (단, $\lim\limits_{x \to a} g(x) \neq 0$)

④ $\lim\limits_{x \to a} cf(x) = c \lim\limits_{x \to a} f(x)$ (단, c 는 상수)

  *위의 성질은 a 를 $a+$, $a-$, ∞, $-\infty$ 로 바꾸어도 성립

함수의 극한값

다항함수의 극한값 $f(x)$ 가 다항함수 $\Rightarrow$ $\displaystyle\lim_{x \to a} f(x) = f(a)$

부정형의 극한값

① $\dfrac{0}{0}$ 꼴

$\begin{cases} \text{유리식} \Rightarrow \text{인수분해} \\ \text{무리식} \Rightarrow \text{근호가 있는 쪽을 유리화} \end{cases}$ $\Rightarrow$ 약분

② $\infty - \infty$ 꼴

$\begin{cases} \text{다항식} \Rightarrow \underline{\text{최고차항으로 묶기}} \\ \text{무리식} \Rightarrow \text{근호가 있는 쪽을 유리화} \end{cases}$

③ $\infty \times 0$ 꼴

괄호안을 통분 $\Rightarrow$ $\dfrac{0}{0}$ 꼴 or $\dfrac{\infty}{\infty}$ 꼴로 바꿔서 푼다

④ $\dfrac{\infty}{\infty}$ 꼴

분모의 최고차항으로 분모, 분자를 나눔

$\Rightarrow$ $\displaystyle\lim_{x \to \infty} \dfrac{k}{x^n} = \dfrac{k}{\infty} = 0$ 임을 이용

$\begin{cases} \text{분자의 차수} > \text{분모의 차수} \Rightarrow \text{발산} \\ \text{분자의 차수} < \text{분모의 차수} \Rightarrow \text{극한값} = 0 \\ \text{분자의 차수} = \text{분모의 차수} \end{cases}$

$\Rightarrow \dfrac{\text{최고차항의 계수}}{\text{최고차항의 계수}} = \text{극한값}$

함수의 극한의 활용

미정계수의 결정

$$\lim_{x \to a} \frac{f(x)}{g(x)} = k \ \text{(단, } k \text{는 실수)}$$

① $\lim_{x \to a} g(x) = 0$ **이면** $\lim_{x \to a} f(x) = 0$　　　　분모 $\to 0$이면　분자 $\to 0$

② $\lim_{x \to a} f(x) = 0$ **이면** $\lim_{x \to a} g(x) = 0$ **(단, $k \neq 0$)**　　분자 $\to 0$이면　분모 $\to 0$

함수의 극한의 대소 관계

$h(x) \leq f(x) \leq g(x)$ **이고** $\lim_{x \to a} h(x) = \lim_{x \to a} g(x) = k$　**(단, k는 실수)**

$$\underset{=\,k}{\underline{\lim_{x \to a} h(x)}} \leq \lim_{x \to a} f(x) \leq \underset{=\,k}{\underline{\lim_{x \to a} g(x)}} \ \ \Rightarrow \ \ \lim_{x \to a} f(x) = k$$

함수의 연속

함수의 연속

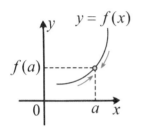

$y = f(x)$

① $f(x)$ 가 $x = a$ 에서 정의 $\Rightarrow$ $\underline{f(a)}$ 존재
　　　　　　　　　　　　　　　　　　　함숫값

② $\lim\limits_{x \to a-} f(x) = \lim\limits_{x \to a+} f(x)$ $\Rightarrow$ $\lim\limits_{x \to a} f(x)$ 존재
　　좌극한　　　　우극한　　　　　　극한값

③ $\lim\limits_{x \to a} f(x) = f(a)$ $\Rightarrow$ $f(x)$ 는 $x = a$ 에서 연속
　　극한값　　　함숫값

불연속의 이유

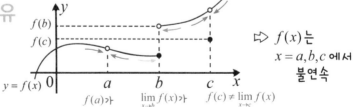

$\Rightarrow$ $f(x)$ 는
$x = a, b, c$ 에서
불연속

$f(a)$가
존재하지 않음

$\lim\limits_{x \to b} f(x)$가
존재하지 않음

$f(c) \neq \lim\limits_{x \to c} f(x)$

연속함수의 성질

연속함수 어떤 구간에 속하는 모든 실수에 대하여 연속인 함수

⮑ 그래프가 어떤 구간에서 이어져 있음

구간 ① 닫힌구간 $[a,b]$ ⮑ $a \leq x \leq b$

② 열린구간 (a,b) ⮑ $a < x < b$
실수전체 ⮑ $(-\infty, \infty)$

연속함수의 성질

두 함수 $f(x)$, $g(x)$가 어떤 구간에서 연속이면 다음 함수도 그 구간에서 연속

① $cf(x)$ (단, c는 상수) ② $f(x) \pm g(x)$

③ $f(x)g(x)$ ④ $\dfrac{f(x)}{g(x)}$ (단, $x \neq 0$)

사잇값 정리

최대·최소 정리

$f(x)$가 $[a,b]$에서 연속이면
$f(x)$는 이 구간에서 반드시
최댓값과 **최솟값**을 가진다

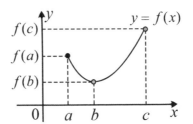

사잇값의 정리

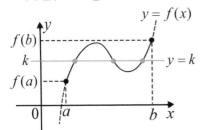

$f(x)$가 $[a,b]$에서 연속, $f(a) \neq f(b)$일 때
$f(a)$와 $f(b)$ 사이의 임의의 값 k에 대하여
$f(c) = k$인 c가 (a,b)에 적어도 하나
존재한다

평균변화율

평균변화율

$y = f(x)$ 에서 x 값이 a 에서 b 까지 변할 때 평균변화율

$$\frac{\Delta y}{\Delta x} = \frac{f(b) - f(a)}{b - a} = \frac{f(a + \Delta x) - f(a)}{\Delta x}$$

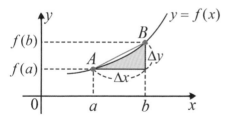

➡ 두 점 $(a, f(a))$, $(b, f(b))$ 를 지나는 **직선 AB의 기울기**

미분계수와 접선의 기울기

미분계수 함수 $y = f(x)$ 의 $x = a$ 에서의 **미분계수**

$$f'(a) = \lim_{\Delta x \to 0} \frac{f(a + \Delta x) - f(a)}{\Delta x} = \lim_{h \to 0} \frac{f(a + h) - f(a)}{h} = \lim_{x \to a} \frac{f(x) - f(a)}{x - a}$$

➪ 평균변화율에서 $\Delta x \to 0$ 일 때의 극한값 = 순간변화율

➪ $y = f(x)$ 위의 점 $(a, f(a))$ 에서의 **접선의 기울기**

미분 가능

$f'(a)$ 존재 ➪ 좌미분계수 = 우미분계수

① $f(x)$ 에 대하여 $f'(a)$ 가 존재

   ➪ $x = a$ 에서 미분 가능

② $f(x)$ 가 미분 가능 ➪ $x = a$ 에서 연속

   (역은 성립하지 않음)

미분 가능하지 않은 경우

① 불연속인 점

② 뾰족한 점

   ($\because$ 좌미분계수 $\neq$ 우미분계수)

도함수와 미분법

도함수 $f(x) \xrightarrow{\text{함수}} f'(x) = \lim_{\Delta x \to 0} \dfrac{f(x + \Delta x) - f(x)}{\Delta x}$

$$f'(x) = y' = \frac{dx}{dy} = \frac{d}{dx}f(x)$$

미분법 $f(x)$에서 $f'(x)$를 구하는 계산법

$f(x)$, $g(x)$, $h(x)$ 가 미분 가능할 때

① $y = x^n$ ($n \geq 2$인 정수) $\Rightarrow y = nx^{n-1}$

② $\{cf(x)\}' = cf'(x)$ (단, c는 상수)

③ $\{f(x) \pm g(x)\}' = f'(x) \pm g'(x)$

④ $\{f(x)g(x)\}' = f'(x)g(x) + f(x)g'(x)$ $\Rightarrow$ 곱의 미분법

⑤ $\left[\{f(x)\}^n\right]' = n\{f(x)\}^{n-1} \times f'(x)$

$$y = x \Rightarrow y' = 1$$
$$y = c \quad y' = 0$$

237

접선의 방정식(1)

접점이 주어진 경우

$y = -x^2 + 5x$ 위의 점 $(1, 2)$
에서의 접선의 방정식

$f(x) = -x^2 + 5x$

$f'(x) = -2x + 5$ ← 도함수 구함

$f'(1) = 3$ ⇨ 접선의 기울기 $x = 1$에서 기울기 구함

$y - 2 = 3(x - 1)$ 직선의 방정식 구함

$y = 3x - 1$

> $y = f(x)$위의 점 $(a, f(a))$
> 에서의 접선의 방정식
> ⇨ $y - f(a) = f'(a)(x - a)$

곡선 밖의 한 점이 주어진 경우

곡선 밖의 한 점 (x_1, y_1)에서
$f(x)$에 그은 접선의 방정식

① 접점 좌표를 $(t, f(t))$로 놓음

② $y - f(t) = f'(t)(x - t)$

③ ②식에 (x_1, y_1)에 대입하여
t값을 구함

④ t값을 ②식에 대입

접선의 방정식(2)

기울기가 주어진 경우

접선의 기울기가 m

① 접점 좌표를 $(a, f(a))$로 놓음

② $f'(a) = m$을 이용해
   a값과 접점 좌표 구함

③ $y - f(a) = m(x-a)$

접선에 수직인 직선의 방정식

$y = f(x)$ 위의 점 $A(a, f(a))$
에서의 접선에 수직인 직선

① 기울기 ⇨ $-\dfrac{1}{f'(a)}$ (단, $f(a) \neq 0$)

② $y - f(a) = -\dfrac{1}{f'(a)}(x-a)$

두 곡선에 동시에 접하는 직선

$y = f(x)$, $y = g(x)$가 (a, b)에 접할 조건

① $f(a) = g(a) = b$ ② $f'(a) = g'(a)$

평균값 정리

평균값 정리

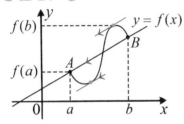

$f(x)$가 $[a,b]$에서 연속이고
(a,b)에서 미분 가능이면

접선의 기울기 →

$$f'(c) = \frac{f(b)-f(a)}{b-a} \text{인}$$

→ $\overrightarrow{AB}$의 기울기

c가 (a,b)에
적어도 하나 존재한다

롤의 정리

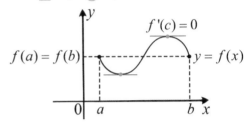

$f(x)$가 $f(a)=f(b)$
$[a,b]$에서 연속이고
(a,b)에서 미분 가능이면

$f'(c) = 0$인 c가 (a,b)에
적어도 하나 존재한다

함수의 증가와 감소

$f(x)$ 가 어떤 구간에 속하는 임의의 실수 a, b 에 대하여

$a < b$ 일 때, $f(a) < f(b)$
⇨ 그 구간에서 증가

$a < b$ 일 때, $f(a) > f(b)$
⇨ 그 구간에서 감소

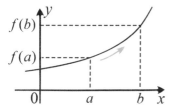

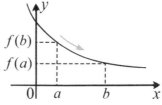

$f(x)$ 가 어떤 열린구간에서 미분 가능
그 구간의 모든 x에 대하여

① $f'(x) > 0$ ⇨ $f(x)$는 증가
② $f(x)$가 증가 ⇨ $f'(x) \geq 0$

$f(x)$ 가 어떤 열린구간에서 미분 가능
그 구간의 모든 x에 대하여

① $f'(x) < 0$ ⇨ $f(x)$는 감소
② $f(x)$가 감소 ⇨ $f'(x) \leq 0$

함수의 극대·감소

$x = a$ 에서 미분 가능한 함수 $f(x)$ 에 대하여 $\boxed{f'(a) = 0}$

$x = a$ 에서 $f'(x)$ 의 부호가 $+ \to -$

$\Rightarrow$ $x = a$ 에서 **극대**, 극대값 $= f(a)$

$x = a$ 에서 $f'(x)$ 의 부호가 $- \to +$

$\Rightarrow$ $x = a$ 에서 **극소**, 극대값 $= f(a)$

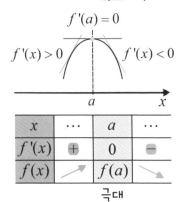

$f'(a) = 0$

$f'(x) > 0$ $f'(x) < 0$

x	$\cdots$	a	$\cdots$
$f'(x)$	$+$	0	$-$
$f(x)$	↗	$f(a)$	↘

극대

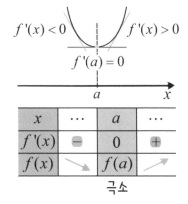

$f'(x) < 0$ $f'(x) > 0$

$f'(a) = 0$

x	$\cdots$	a	$\cdots$
$f'(x)$	$-$	0	$+$
$f(x)$	↘	$f(a)$	↗

극소

삼차함수의 그래프

$f(x) = 2x^3 + 9x^2 + 12x + \boxed{2}$

$f'(x)$ 구함

$f'(x) = 6x^2 + 18x + 12$

$\qquad = 6(x+2)(x+1)$

$f'(x) = 0$ 의 해를 구함

$\boxed{f'(x) = 0} \Rightarrow x = -2 \ or \ -1$

승감표 만듦

x	$\cdots$	-2	$\cdots$	-1	$\cdots$
$f'(x)$	$+$	0	$-$	0	$+$
$f(x)$	$\nearrow$	-2	$\searrow$	-3	$\nearrow$

극대   극소
$(-2,-2)$ $(-1,-3)$

y 절편 $(0,2)$

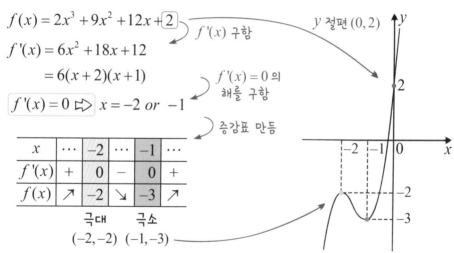

삼차함수의 그래프 개형

$f(x) = ax^3 + bx^2 + cx + d$ (단, $a \neq 0$) ⇨ 점대칭도형

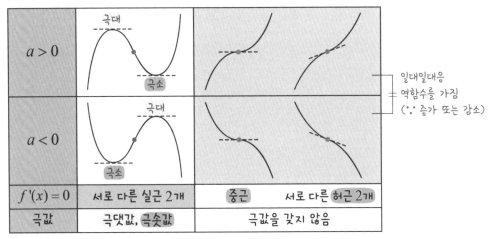

$a > 0$	극대 / 극소			일대일대응 역함수를 가짐 (∵ 증가 또는 감소)
$a < 0$	극대 / 극소			
$f'(x) = 0$	서로 다른 실근 2개	중근	서로 다른 허근 2개	
극값	극댓값, 극솟값	극값을 갖지 않음		

사차함수의 그래프 개형

$f(x) = ax^4 + bx^3 + cx^2 + dx + e$ (단, $a \neq 0$)

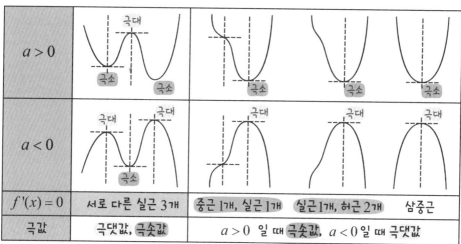

$a > 0$	(극대, 극소, 극소)	(극소)	(극소)	(극소)
$a < 0$	(극대, 극소, 극대)	(극대)	(극대)	(극대)
$f'(x) = 0$	서로 다른 실근 3개	중근 1개, 실근 1개	실근 1개, 허근 2개	삼중근
극값	극댓값, 극솟값	$a > 0$ 일 때 극솟값, $a < 0$일 때 극댓값		

함수의 최댓값과 최솟값

$f(x)$ 가 $[a,b]$ 에서 연속일 때

① $[a,b]$ 에서 $f(x)$의 극댓값, 극솟값 구하기

② $[a,b]$ 의 양 끝값 $f(a), f(b)$ 구하기

③ 극댓값, 극솟값, $f(a), f(b)$ 중에서 최댓값, 최솟값 구하기

$[1,3]$ 에서 $f(x) = 2x^3 - 3x^2 - 12x + 10$ 의
최댓값과 최솟값 구하기

$f'(x) = 6x^2 - 6x - 12 = 6(x+1)(x-2)$

$f'(x) = 0 \implies x = -1 \ or \ 2$

x	1	$\cdots$	2	$\cdots$	3
$f'(x)$		$-$	0	$+$	
$f(x)$	-4	$\searrow$	-10	$\nearrow$	1

$f(1)$ 극소 $f(3)$
           = 최소   = 최대

$\implies$ $x = 2$ 일 때, 최솟값 -10
$x = 3$ 일 때, 최댓값 1

방정식에의 활용

$f(x) = ax^3 + bx^2 + cx + d$ (단, $a > 0$) 가 극값을 가질 때

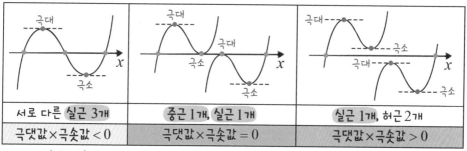

서로 다른 실근 3개	중근 1개, 실근 1개	실근 1개, 허근 2개
극댓값×극솟값 < 0	극댓값×극솟값 = 0	극댓값×극솟값 > 0

부호가 다름   둘 중 하나가 0   부호가 같음

$f(x) = ax^3 + bx^2 + cx + d$ (단, $a > 0$) 가 극값을 갖지 않을 때

   ⇨ 모두 실근 1개

속도와 가속도(미분)

속도와 가속도

$$x$$
위치
$$f(t)$$

$\xrightarrow{\text{미분}}$

$$v$$
속도
$$v(t) = f'(t)$$

$\xrightarrow{\text{미분}}$

$$a$$
가속도
$$a(t) = v'(t)$$

- $v = 0$인 경우
- 방향을 바꾸거나 정지함
- 지면과 수직으로 던질 때
  최고 높이에 도달함

평균속도
$= f(t)$ 의 평균변화율
$= \dfrac{\text{위치변화량}}{\text{시간변화량}}$
속력 $= |v| = |f'(x)|$

시각 t 에서의 길이 l / 넓이 S / 부피 V 의 변화율

$$\lim_{\Delta t \to 0} \frac{\Delta l}{\Delta t} = \frac{dl}{dt}$$

$$\lim_{\Delta t \to 0} \frac{\Delta S}{\Delta t} = \frac{dS}{dt}$$

$$\lim_{\Delta t \to 0} \frac{\Delta V}{\Delta t} = \frac{dV}{dt}$$

부정적분

$F'(x) = f(x)$ 일 때, $F(x)$ 를 $f(x)$ 의 부정적분이라 한다

$$\underset{\text{미분}}{\overset{\text{적분}}{\int f(x)dx = F(x) + \underset{\text{적분상수}}{C}}} \Rightarrow \text{미분의 역과정}$$

$y = x^n$ 의 부정적분

(단, $a \neq 0$, n 은 음이 아닌 정수, b 는 상수, C 는 적분상수)

$\displaystyle\int x^n dx = \frac{1}{n+1} x^{n+1} + C$ (예) $\displaystyle\int x^3 dx = \frac{1}{4} x^4 + C$

$\displaystyle\int (ax+b)^n dx = \frac{1}{a} \cdot \frac{1}{n+1} (ax+b)^{n+1} + C$ (예) $\displaystyle\int (2x+1)^3 dx = \frac{1}{8}(2x+1)^4 + C$

부정적분의 성질

부정적분의 성질

$f(x)$, $g(x)$가 미분 가능할 때,

① $\displaystyle\int kf(x)dx = k\int f(x)dx$ (단, k는 실수)

② $\displaystyle\int \{f(x) \pm g(x)\}\, dx = \int f(x)dx \pm \int g(x)dx$

*세 개 이상의 함수에 대해서도 성립함

부정적분과 미분의 관계

① $\dfrac{d}{dx}\left\{\displaystyle\int f(x)dx\right\} = f(x)$ 　적분 후 미분 $\Rightarrow f(x)$

② $\displaystyle\int\left\{\dfrac{d}{dx}f(x)\right\}dx = f(x) + C$ 　미분 후 적분 $\Rightarrow f(x) + C$
(단, C는 적분상수)

정적분

$[a, b]$ 에서 연속인 $f(x)$의 한 부정적분을 $F(x)$라 할 때,
<u>적분구간</u>

$$\int_a^b f(x)dx = \left[F(x)\right]_a^b = F(b) - F(a)$$

↗ 위 끝

↘ 아래 끝

① $a = b \implies \boxed{\int_a^a f(x)dx = 0}$

② $a \neq b \implies \int_a^b f(x)dx = -\int_b^a f(x)dx$

* $\int_a^b f(x)dx = \int_a^b f(y)dy = \int_a^b f(z)dz$

* 정적분에서는 적분상수를 고려하지 않음

부정적분
① 구간이 정해지지 않음
② x에 대한 함수
정적분
① 구간이 정해짐
② 실수

정적분의 성질

정적분의 성질

$[a,b]$ 에서 연속인 $f(x),\ g(x)$

① $\displaystyle\int_a^b kf(x)dx = k\int_a^b f(x)dx$ (단, k 는 상수)

② $\displaystyle\int_a^b \left\{ f(x) \pm g(x) \right\} dx = \int_a^b f(x)dx \pm \int_a^b g(x)dx$

세 실수 a,b,c 를 포함하는 닫힌 구간에서 연속인 $f(x)$

③ $\displaystyle\int_a^c f(x)dx + \int_c^b f(x)dx = \int_a^b f(x)dx$

    ＊ a,b,c 의 대소관계에 상관없이 성립함

정적분의 기하적 의미

정적분의 기하적 의미

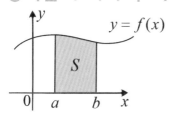

$[a,b]$ 에서 연속인 $f(x)$

$f(x) \geq 0$ 일 때,

$\int_a^b f(x)dx = S \implies f(x)$ 와 $x = a$, $x = b$, x축

으로 둘러싸인 도형의 넓이

구간에 따라 함수가 다를 경우

$[a,b]$ 에서 연속인 $f(x)$

$\implies f(x) = \begin{cases} g(x) \ (x \leq c) \\ h(x) \ (x \geq c) \end{cases}$

$\int_a^b f(x)dx = \underbrace{\int_a^c g(x)dx}_{S_1} + \underbrace{\int_c^b h(x)dx}_{S_2}$

정적분의 대칭성

닫힌 구간 $[-a, a]$에서 연속인 $f(x)$

① $f(-x) = f(x)$ ▷ y축 대칭

② $f(-x) = -f(x)$ ▷ 원점 대칭

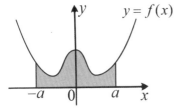

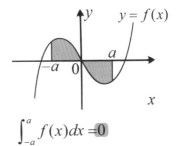

$$\int_{-a}^{a} f(x)dx = 2\int_{0}^{a} f(x)dx$$

$$\int_{-a}^{a} f(x)dx = 0$$

③ $f(x) = f(x+p)$ ▷ $\int_{a}^{b} f(x)dx = \int_{a+p}^{b+p} f(x)dx$
    (단, $p \neq 0$)

정적분으로 정의된 함수의 미분과 극한

a 는 상수, $[a,b]$에서 연속인 $f(x)$

① $\boxed{\dfrac{d}{dx}\displaystyle\int_a^x f(t)dt = f(x)}$ (단, $0 < t < b$)

② $\dfrac{d}{dx}\displaystyle\int_x^{x+a} f(t)dt = f(x+a) - f(x)$

③ $\dfrac{d}{dx}\displaystyle\int_a^x xf(t)dt = \displaystyle\int_a^x f(t)dt + xf(x)$ $\left\{ x\displaystyle\int_a^x f(t)dt \right\}' = \displaystyle\int_a^x f(t)dt + xf(x)$ ⇨ 곱의 미분법

연속함수 $f(x)$의 한 부정적분 $F(x)$

① $\displaystyle\lim_{x \to a}\dfrac{1}{x-a}\displaystyle\int_a^x f(t)dt = \lim_{x \to a}\dfrac{F(x)-F(a)}{x-a} = F'(a) = f(a)$

② $\displaystyle\lim_{x \to 0}\dfrac{1}{x}\displaystyle\int_a^{x+a} f(t)dt = \lim_{x \to 0}\dfrac{F(x+a)-F(a)}{x} = F'(a) = f(a)$

정적분으로 정의된 함수에서 $f(x)$ 구하기(1)

적분 구간이 상수인 경우

$f(x) = 3x^2 + 2\underline{\int_0^1 f(t)dt}$ $\qquad$ $\int_0^1 f(t)dt = k$ ...㉠
$\qquad\qquad\quad = k$

$f(x) = 3x^2 + 2k$ ...㉡ $\qquad$ ㉠에 ㉡을 대입하여 k 값을 구함

$k = \int_0^1 f(t)dt = \int_0^1 (3t^2 + 2k)dt$ $\qquad$ $\overline{(f(t) = 3t^2 + 2k \text{ 로 변형해서 대입})}$

$\qquad\qquad = \left[t^3 + 2kt \right]_0^1$

$\qquad\qquad = (1 + 2k) - 0$

$\boxed{k = 1 + 2k}$ ⇨ $k = -1$ $\qquad$ $k = -1$ 를 ㉡에 대입하여 $f(x)$를 구함

$\therefore f(x) = 3x^2 - 2$

정적분으로 정의된 함수에서 $f(x)$ 구하기(2)

적분 구간에 변수가 있는 경우

① $\displaystyle\int_a^x f(t)dt = g(x)$ (a는 상수)

   ⑦ **양변 미분** ▷ $f(x) = g'(x)$ $\boxed{\dfrac{d}{dx}\displaystyle\int_a^x f(t)dt = f(x)\text{이용}}$

   ㉡ **양변에 $x = a$ 대입** ▷ $0 = g(a)$ $\boxed{\displaystyle\int_a^a f(t)dt = 0\text{이용}}$

② $\boxed{\displaystyle\int_a^x (x-t)f(t)dt = g(x)}$ (a는 상수)

   $\longrightarrow x\displaystyle\int_a^x f(t)dt - \int_a^x tf(t)dt$

   ▷ 양변을 x에 대하여 **두 번** 미분해서 문제를 푼다

정적분과 넓이

곡선과 좌표축 사이의 넓이

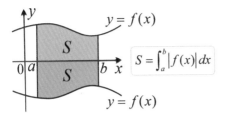

$$S = \int_a^b |f(x)| \, dx$$

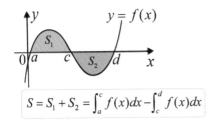

$$S = S_1 + S_2 = \int_a^c f(x)\,dx - \int_c^d f(x)\,dx$$

두 곡선 사이의 넓이

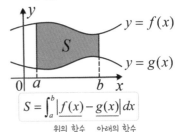

$$S = \int_a^b \big|\,\underline{f(x)} - \underline{g(x)}\,\big| \, dx$$

위의 함수   아래의 함수

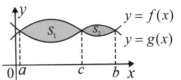

$$S = \int_a^c \{f(x) - g(x)\}\,dx + \int_c^b \{g(x) - f(x)\}\,dx$$

넓이를 구하는 특별한 공식들

① $y = ax^2 + bx + c$

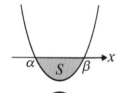

② $y = ax^2 + bx + c$

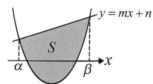

$y = mx + n$

③

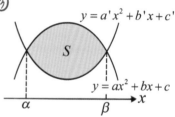

$y = a'x^2 + b'x + c'$

$y = ax^2 + bx + c$

$$S = \frac{|a - a'|(\beta - \alpha)^3}{6}$$

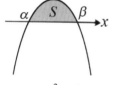

$y = ax^2 + bx + c$

$y = mx + n$

$y = ax^2 + bx + c$

$$S = \frac{|a|(\beta - \alpha)^3}{6} \ (단, \alpha < \beta)$$

속도와 가속도(적분)

속도와 가속도

x v a

위치 $\xrightarrow[\text{적분}]{\text{미분}}$ 속도 $\xrightarrow[\text{적분}]{\text{미분}}$ 가속도

$f(t)$ $v(t)$ $a(t)$

점 P의 시각 t에서의 속도 $v(t)$, $t = a$에서의 위치 x_a

① 시각 t에서 점 P의 위치 ⇨ $\boxed{x = \underline{x_a} + \int_a^t v(t)dt}$

                                      출발점의 위치

② $t = a$에서 $t = b$까지 점 P의 위치 변화량 ⇨ $\int_a^b v(t)dt$

③ $t = a$에서 $t = b$까지 점 P가 **움직인 거리** ⇨ $\int_a^b |v(t)|dt$

                                             거리의 총합

고등수학
확률과 통계
part
10

수포의공식집

Part10
고등수학 〈확률과 통계〉

순열

순열 서로 다른 n개에서 r개를 택하여 일렬로 나열하는 것

$$_{n}P_{r} \ (단, 0 \le r \le n)$$

① $_{n}P_{r} = \underbrace{n(n-1)(n-2)\cdots(n-r+1)}_{r\,개} = \dfrac{n!}{(n-r)!}$

② $_{n}P_{n} = n!, \quad _{n}P_{0} = 1, \quad 0! = 1$

$n!$ (factorial, 계승)

$n! = n \times (n-1) \times (n-2) \times \cdots \times 2 \times 1$

(예) $5! = 5 \times 4 \times 3 \times 2 \times 1 = 120$

원순열

① 서로 다른 n개를 원형으로 배열하는 순열

$$\frac{{}_nP_n}{n} = \frac{n!}{n} = (n-1)!$$

(예) ⇨ $(7-1)! = 6!$

② 다각형 모양의 탁자에 둘러 앉는 경우의 수

⇨ (원순열의 수) × (회전시켰을 때 겹치지 않는 자리의 수)

(예) ⇨ $(6-1)! \times 2$

 ⇨ $(6-1)! \times 3$

중복순열

서로 다른 n개에서 중복을 허용하여 r개를 택하여 일렬로 나열하는 것

$${}_n\Pi_r = \underbrace{n \times n \times n \times \cdots \times n}_{r\text{개}} = n^r$$

(예) A, B, C 3개의 필통에 서로 다른 연필 4자루를 넣는 경우의 수

$\Rightarrow {}_3\Pi_4 = 3^4 = 81$

함수의 개수

$n(X) = r,\ n(Y) = n,\ X \to Y$ 의 함수

① 함수의 개수 $\Rightarrow {}_n\Pi_r$

② 일대일함수의 개수 $\Rightarrow {}_nP_r$ (단, $n \geq r$)

같은 것이 있는 순열

n개 중에서 같은 것이 각각 a개, b개, $\cdots$, c개씩 있을 때, 이 n개를 모두 나열하는 경우의 수

$$\frac{n!}{a!b!\cdots c!} \quad (\text{단, } a+b+\cdots+c=n)$$

최단 거리를 가는 경우의 수

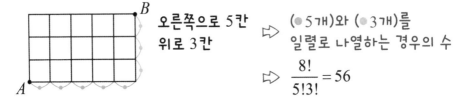

오른쪽으로 5칸
위로 3칸

$\Rightarrow$ (●5개)와 (●3개)를
일렬로 나열하는 경우의 수

$\Rightarrow \dfrac{8!}{5!3!}=56$

조합

조합 서로 다른 n개에서 순서를 고려하지 않고 r개를 택하는 것

$$_n C_r \ (단, 0 \le r \le n)$$

$$\boxed{_n C_r = \frac{_n P_r}{r!}} = \frac{n(n-1)\cdots(n-r+1)}{r!} = \frac{n!}{r!(n-r)!}$$

① $_n C_0 = 1,\ _n C_n = 1,\ _n C_1 = n$

② $\boxed{_n C_r =_n C_{n-r}}$ (단, $0 \le r \le n$) (예)

$$_5 C_2 = \frac{_5 P_2}{2!} = \frac{5 \times 4}{2 \times 1} = 10$$

$$_5 C_3 = \frac{_5 P_3}{3!} = \frac{5 \times 4 \times 3}{3 \times 2 \times 1} = 10$$

$$\Rightarrow \underbrace{_5 C_2 =_5 C_3}_{2+3=5}$$

③ $_n C_r =_{n-1} C_{r-1} +_{n-1} C_r$ (단, $1 \le r \le n$) $\Rightarrow$ **파스칼의 삼각형**

분할과 분배

분할 서로 다른 n개의 물건을 p개, q개, r개로 나누는 방법의 수
(단, $p+q+r=n$)

① p, q, r 모두 다름 ▷ $_nC_p \times _{n-p}C_q \times _rC_r$

② p, q, r 어느 두 수가 같음 ▷ $_nC_p \times _{n-p}C_q \times _rC_r \times \dfrac{1}{2!}$

③ p, q, r 모두 같음 ▷ $_nC_p \times _{n-p}C_q \times _rC_r \times \dfrac{1}{3!}$

분배 k묶음으로 분할하여 k명에게 분배하는 방법의 수
(k묶음으로 분할하는 방법의 수) $\times k!$

중복조합

서로 다른 n개에서 **중복을 허용하여** r개를 택하는 조합

$$_nH_r = {}_{n+r-1}C_r$$

(예) $a,\ b,\ c,\ d$에서 중복을 허용하여 2개를 택하는 경우의 수

$\Rightarrow\ _4H_2 = {}_{4+2-1}C_2 = {}_5C_2 = 10$

함수의 개수

$n(X) = r,\ n(Y) = n,\ X \rightarrow Y$ 의 함수, $x_1, x_2 \in X$

$x_1 < x_2$ 이면, ① $f(x_1) < f(x_2)$ 인 함수의 개수 $\Rightarrow {}_nC_r$

② $f(x_1) \leq f(x_2)$ 인 함수의 개수 $\Rightarrow {}_nH_r$

이항정리

자연수 n 대하여 $(a+b)^n$을 전개하면

$$(a+b)^n = {}_nC_0a^n + {}_nC_1a^{n-1}b^1 + \cdots + \underset{\substack{\uparrow \\ \text{일반항}}}{\boxed{{}_nC_ra^{n-r}b^r}}^{\overset{\text{이항계수}}{}} + \cdots + {}_nC_nb^n$$

(예) $(a+b)^3 = {}_3C_0a^3 + {}_3C_1a^2b + {}_3C_2ab^2 + {}_3C_3b^3$

$\left(x^2 - \dfrac{3}{x}\right)^3$ 의 전개식에서 x^3의 계수 구하기

$${}_3C_r(x^2)^{3-r}\left(-\frac{3}{x}\right)^r = {}_3C_r(-3)^r x^{6-2r}x^{-r} = \underset{\text{계수}}{{}_3C_r(-3)^r} x^{6-3r}$$

$6-3r = 3,\ \ 3r = 3,\ \ r = 1 \ \Rightarrow\ x^3$의 계수 $= {}_3C_1(-3) = -9$

파스칼의 삼각형

$(a+b)^n$ 의 이항계수 배열 (단, n은 자연수)

$$1$$

$(a+b)^1$ $_1C_0$ $_1C_1$

$(a+b)^2$ $_2C_0$ $_2C_1$ $_2C_2$

$(a+b)^3$ $_3C_0$ $_3C_1$ $_3C_2$ $_3C_3$

$(a+b)^4$ $_4C_0$ $_4C_1$ $_4C_2$ $_4C_3$ $_4C_4$

$\vdots$

$_{n-1}C_{r-1}$ $_{n-1}C_r$

$_nC_r$

⇨ $_{n-1}C_{r-1} + _{n-1}C_r = _nC_r$

$$1$$

$$1 \qquad 1$$

$$1 \qquad 2 \qquad 1$$

$$1 \qquad 3 \qquad 3 \qquad 1$$

$$1 \qquad 4 \qquad 6 \qquad 4 \qquad 1$$

$\vdots$

⇨ $_nC_r = _nC_{n-r}$

(예) $_5C_3 = _5C_2$

이항계수의 성질

① $_nC_0 + _nC_1 + _nC_2 + \cdots + _nC_n = 2^n$

② $_nC_0 - _nC_1 + _nC_2 - \cdots + (-1)^n {_nC_n} = 0$

③ $_nC_0 + _nC_2 + _nC_4 + \cdots + _nC_{n-1}$
   $= _nC_1 + _nC_3 + _nC_5 + \cdots + _nC_n = 2^{n-1}$ (n은 1보다 큰 홀수)

④ $_nC_0 + _nC_2 + _nC_4 + \cdots + _nC_n$
   $= _nC_1 + _nC_3 + _nC_5 + \cdots + _nC_{n-1} = 2^{n-1}$ (n은 짝수)

시행과 사건

시행 같은 조건에서 반복할 수 있고,
그 결과가 우연에 의하여 정해지는 실험 또는 관찰

표본공간 어떤 시행에서 일어날 수 있는 모든 결과의 집합

사건 표본공간의 부분집합

근원사건 한 개의 원소로 이루어진 사건

합사건

사건 A 또는 B가 일어나는 사건
$\Rightarrow A \cup B$

곱사건

사건 A와 사건 B가 동시에 일어나는 사건
$\Rightarrow A \cap B$

배반사건

동시에 일어나지 않는 사건 A와 B
$\Rightarrow A \cap B = \varnothing$

여사건

사건 A가 일어나지 않는 사건
$\Rightarrow A^c$

확률의 정의

확률 어떤 시행에서 사건 A가 일어날 가능성을 수로 나타낸 것

$\Rightarrow P(A)$

수학적 확률

표본공간이 S인 어떤 시행에서
각 근원사건이 일어날 가능성이
모두 같은 정도로 기대될 때,
사건 A가 일어날 확률

$\Rightarrow P(A) = \dfrac{n(A)}{n(S)}$

통계적 확률

같은 시행을 n번 반복하여
사건 A가 일어난 횟수가 r_n이고,
시행 횟수 n이 한없이 커짐에 따라
그 상대도수 $\dfrac{r_n}{n}$ 이
가까워지는 일정한 값 P

* n이 충분히 클 때,
　수학적 확률에 가까워짐

확률의 기본 성질

표본공간 S인 어떤 시행
① 임의의 사건 A ➭ $0 \leq P(A) \leq 1$
② 반드시 일어나는 사건 S ➭ $P(S) = 1$
③ 절대로 일어나지 않는 사건 $\varnothing$ ➭ $P(\varnothing) = 0$

확률의 덧셈 정리
① $P(A \cup B) = P(A) + P(B) - P(A \cap B)$
② 두 사건 A와 B가 배반사건 ➭ $P(A \cup B) = P(A) + P(B)$ $(\because A \cap B = \varnothing)$

여사건 확률
① $P(A \cup A^c) = P(A) + P(A^c)$ ② $P(A^c) = 1 - P(A)$

조건부확률

확률이 0이 아닌 사건 A가 일어났을 때, 사건 B가 일어날 확률

$$\Rightarrow P(B|A) = \frac{P(A \cap B)}{P(A)} = \frac{P(A \cap B)}{P(A \cap B) + P(A \cap B^c)}$$

확률의 곱셈 정리

$P(A) > 0$, $P(B) > 0$ 일 때, 두 사건 A, B가 동시에 일어날 확률

$$\Rightarrow P(A \cap B) = P(A)P(B|A) = P(B)P(A|B)$$

사건의 독립과 종속

① 한 사건이 일어나거나 일어나지 않는 것이 다른 사건이 일어날 확률에 영향을 주지 않을 때, 두 사건 A, B는 서로 독립

➡️ $P(B|A) = P(B|A^c) = P(B)$

② 두 사건 A, B가 서로 독립이 아님 ➡️ 서로 종속

두 사건이 서로 독립일 조건

두 사건 A, B가 서로 독립 $\iff$ $P(A \cap B) = P(A)P(B)$

A^c과 B, A와 B^c, A^c과 B^c도 서로 독립   (단, $P(A) > 0$, $P(B) > 0$)

독립시행의 확률

독립시행 어떤 동일한 시행을 반복하는 경우
각 시행에서 일어나는 사건이 서로 독립일 때,
이것을 독립시행이라 한다

독립시행의 확률

사건 A가 일어날 확률이 $p(0 < p < 1)$, n회 반복하는 독립시행에서

사건 A가 r회 일어날 확률 $\Rightarrow$ ${}_{n}C_{r}\,p^{r}\,(1-p)^{n-r}$
(단, $r = 0, 1, 2, \cdots, n$)

(예) 한 개의 주사위를 4번 던질 때, 6의 약수의 눈이 3번 나올 확률

$${}_{4}C_{3}\left(\frac{2}{3}\right)^{3}\left(\frac{1}{3}\right)^{1} = \frac{32}{81}$$

$\llcorner\!\!\rightarrow$ 주사위를 한 번 던질 때 6의 약수가 나올 확률

이산확률 변수

확률변수 어떤 시행의 표본공간의 각 원소에
하나의 실수를 대응시킨 것

이산확률변수 가지는 값이 유한개 있거나 셀 수 있는 확률변수

확률분포

이산확률변수 X의 값과 각 X값을
가질 확률 $P(X=x)$의 대응 관계

X	x_1	x_2	$\cdots$	x_n	계
$P(X=x)$	p_1	p_2	$\cdots$	p_n	1

확률질량함수

이산확률변수 X가 가질 수 있는 모든 값에
각 X값을 가질 확률이 대응되는 함수

$$P(X=x_i)=p_i(i=1,2,\cdots,n)$$

① $0 \le p_i \le 1$

② $p_1 + p_2 + \cdots + p_n = \sum_{i=1}^{n} p_i = 1$

이산확률변수 X의 확률함수가 $P(X = x_i) = p_i \, (i = 1, 2, \cdots, n)$

① X의 평균(기댓값)

$$E(X) = x_1 p_1 + x_2 p_2 + \cdots + x_n p_n = \sum_{i=1}^{n} x_i p_i = m$$

② X의 분산 $\Rightarrow \underset{(편차)^2 \text{의 평균}}{\underline{E((X - m)^2)}}$

$$V(X) = E(X^2) - \{E(X)\}^2$$

③ X의 표준편차

$$\sigma(x) = \sqrt{V(X)}$$

확률변수 X와 두 상수 a, b
(단, $a \neq 0$) 에 대하여

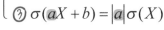

① $E(aX + b) = aE(X) + b$

② $V(aX + b) = a^2 V(X)$

③ $\sigma(aX + b) = |a| \sigma(X)$

이항분포

한 번의 시행에서 사건 A가 일어날 확률 p, 일어나지 않을 확률 q
n 번의 독립시행에서 사건 A가 일어나는 횟수를 X라 하면

$$P(X=x) = {}_nC_x p^x q^{n-x}$$ (단, $x=0,1,2,\cdots,n$, $q=1-p$)

⇨ 이와 같은 확률질량함수를 갖는 확률분포를 이항분포라 한다

이항분포 $B(n,p)$
① 평균 $E(X)=np$
② 분산 $V(X)=npq$
③ 표준편차 $\sigma(X)=\sqrt{npq}$

정규분포곡선

평균이 m, 표준편차가 σ인 정규분포

$N(m, \sigma^2)$

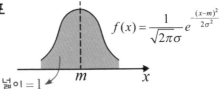

$f(x) = \dfrac{1}{\sqrt{2\pi}\,\sigma}\, e^{-\frac{(x-m)^2}{2\sigma^2}}$

넓이 $= 1$

정규분포곡선의 성질

① $x = m$에 대하여 대칭인 종모양의 곡선

② 점근선 x축

③ 곡선과 x축 사이의 넓이는 1

④ $x = m$일 때 최댓값

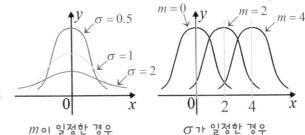

m이 일정한 경우

σ가 일정한 경우

표준정규분포

평균이 0, 표준편차가 1인 정규분포

$N(0,1)$

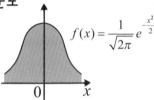

$$f(x) = \frac{1}{\sqrt{2\pi}} e^{-\frac{x^2}{2}}$$

표준화

확률변수 X가 정규분포 $n(m, \sigma^2)$을 따를 때

확률변수 $Z = \dfrac{X-m}{\sigma}$ 은 표준 정규분포 $N(0,1)$을 따른다

$$P(a \leq X \leq b) = P\left(\frac{a-m}{\sigma} \leq Z \leq \frac{b-m}{\sigma} \right) \text{(단, } a < b)$$

↑ 표준화

표준정규분포에서 확률

① $P(Z \le 0) = 0.5$

   $P(Z \ge 0) = 0.5$

확률변수 Z가 표준정규분포를 따를 때, $P(0 \le Z \le a)$의 값은 표준정규분포표에 주어져 있음

② $a > 0$ 일 때,

   $P(-a \le Z \le 0) = P(0 \le Z \le a)$

   $P(Z \ge a) = 0.5 - P(0 \le Z \le a)$

   $P(Z \le a) = 0.5 + P(0 \le Z \le a)$

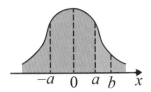

③ $0 < a < b$ 일 때,

   $P(a \le Z \le b) = P(0 \le Z \le b) - P(0 \le Z \le a)$

   $P(-a \le Z \le b) = P(0 \le Z \le a) + P(0 \le Z \le b)$

이항분포와 정규분포의 관계

확률변수 X가 이항분포 $B(n, p)$를 따르고, n의 값이 충분히 클 때,
X는 근사적으로 정규분포 $N(\underline{np}, \underline{npq})$를 따른다 (단, $q = 1 - p$)
$$E(X) = m \quad V(X) = \sigma^2$$

확률변수 X가 이항분포 $B\left(150, \dfrac{2}{5}\right)$을 따를 때,
$P(X \geq 69)$의 값 구하기 (단, $P(0 \leq Z \leq 1.5) = 0.4332$)

$$E(X) = 150 \times \frac{2}{5} = 60, \quad V(X) = 150 \times \frac{2}{5} \times \frac{3}{5} = 36 \implies N(60, 6^2)$$

$$P(X \geq 69) = P\left(Z \geq \frac{69 - 60}{6} \right) = P(Z \geq 1.5) \implies \text{표준화}$$
$$= 0.5 - P(0 \leq Z \leq 1.5)$$
$$= 0.5 - 0.4332 = 0.0668$$

모집단과 표본

모집단 통계 조사에서 조사의 대상이 되는 집단 전체

표본 조사하기 위해 뽑은 모집단의 일부분

　　　　표본의 크기 ⇨ 추출한 표본의 개수

임의추출 모집단에 속하는 각 대상이 표본에 포함될 확률이 모두 같도록
　　　　　　추출하는 방법

복원추출 한 개의 자료를 뽑은 후 되돌려 놓고 다시 뽑는 것

비복원추출 한 개의 자료를 뽑은 후 되돌려 놓지 않고 다시 뽑는 것

전수조사 통계 조사에서 모집단 전체를 조사하는 것

표본조사 모집단에서 뽑은 표본을 조사하는 것

모평균과 표본평균

모평균이 m, 모표준편차가 σ인 모집단에서
크기가 n인 표본을 임의추출할 때, 표본평균 $\overline{X}$에 대하여

$$E(\overline{X}) = m, \quad V(\overline{X}) = \frac{\sigma^2}{n}, \quad \sigma(\overline{X}) = \frac{\sigma}{\sqrt{n}}$$

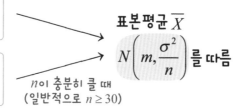

모집단이
$N(m, \sigma^2)$를 따름

모집단이
정규분포를 따르지 않음
n이 충분히 클 때
(일반적으로 $n \geq 30$)

표본평균 $\overline{X}$
$N\left(m, \dfrac{\sigma^2}{n}\right)$를 따름

모평균의 추정과 신뢰구간

정규분포 $N(m, \sigma^2)$을 따르는 모집단에서
임의추출한 크기가 n인 표본평균 $\overline{X}$의 값이 $\overline{x}$일 때

모평균 m의 신뢰구간

① 신뢰도 95% 의 신뢰구간 ⇨ $\overline{x} - 1.96 \dfrac{\sigma}{\sqrt{n}} \leq m \leq \overline{x} + 1.96 \dfrac{\sigma}{\sqrt{n}}$

② 신뢰도 99% 의 신뢰구간 ⇨ $\overline{x} - 2.58 \dfrac{\sigma}{\sqrt{n}} \leq m \leq \overline{x} + 2.58 \dfrac{\sigma}{\sqrt{n}}$

신뢰구간의 길이

① 신뢰도 95% ⇨ $2 \times 1.96 \dfrac{\sigma}{\sqrt{n}}$　　② 신뢰도 99% ⇨ $2 \times 2.58 \dfrac{\sigma}{\sqrt{n}}$

모비율과 표본비율

모비율 모집단에서 어떤 사건에 대한 비율 p

표본비율 표본에서 어떤 사건에 대한 비율 $\hat{p}$ (피햇)

확률변수 (0≤x≤n)
$$\hat{p} = \frac{x}{n}$$
표본의 크기

표본비율 x 가 $B(n, p)$ 를 따를 때
$$E(X) = np, \ V(X) = npq$$
(단, $q = 1-p$)

$$E(\hat{p}) = E(\frac{x}{n}) = \frac{1}{n}E(X) = \frac{np}{n} = p$$

$$V(\hat{p}) = V(\frac{x}{n}) = \frac{1}{n^2}V(X) = \frac{npq}{n^2} = \frac{pq}{n}$$

⇨ 표본비율 $\hat{p}$

$$N\left(p, \left(\sqrt{\frac{pq}{n}}\right)^2\right)$$ 를 따름

고등수학
미적분2
part
11

수포의공식집

Part11
고등수학 〈미적분2〉

수열의 극한

미분법

Part 11
고등수학 〈미적분 2〉

적분법

수열의 극한

수열의 수렴

수열 $\{a_n\}$에서
n의 값이 한없이 커질 때,
a_n의 값이 일정한 값 k에
한없이 가까워지면
수열 $\{a_n\}$은 k에 수렴

$\Rightarrow \lim_{n \to \infty} a_n = k$

수열의 발산

수열 $\{a_n\}$이 수렴하지 않을 때,
수열 $\{a_n\}$은 발산

① $\lim_{n \to \infty} a_n = \infty$ (양의 무한대)

② $\lim_{n \to \infty} a_n = -\infty$ (음의 무한대)

③ 진동

수열의 극한에 대한 기본 성질

수렴하는 수열 $\{a_n\}, \{b_n\}$

① $\displaystyle\lim_{n\to\infty} c a_n = c \lim_{n\to\infty} a_n$ (단, c는 상수)

② $\displaystyle\lim_{n\to\infty} (a_n \pm b_n) = \lim_{n\to\infty} a_n \pm \lim_{n\to\infty} b_n$

③ $\displaystyle\lim_{n\to\infty} a_n b_n = \lim_{n\to\infty} a_n \lim_{n\to\infty} b_n$

④ $\displaystyle\lim_{n\to\infty} \frac{a_n}{b_n} = \frac{\displaystyle\lim_{n\to\infty} a_n}{\displaystyle\lim_{n\to\infty} b_n}$ (단, $b_n \neq 0$, $\displaystyle\lim_{n\to\infty} b_n \neq 0$)

       * $\displaystyle\lim_{n\to\infty} a_n = k \Rightarrow \lim_{n\to\infty} a_{n+1} = k$

수열의 극한값의 계산

$\frac{\infty}{\infty}$ 꼴의 극한

분모를 최고차항으로 분모, 분자를 각각 나눈다 $\Rightarrow$ $\frac{k}{\infty} = 0$ 임을 이용

← k는 상수

① 분자의 차수 > 분모의 차수 $\Rightarrow$ 발산

② 분자의 차수 < 분모의 차수 $\Rightarrow$ 극한값 $= 0$

③ 분자의 차수 = 분모의 차수 $\Rightarrow$ $\dfrac{\text{분자의 최고차항의 계수}}{\text{분모의 최고차항의 계수}}$ = 극한값

$\infty - \infty$ 꼴의 극한

① 다항식인 경우 $\Rightarrow$ 최고차항으로 묶는다

② 무리식인 경우 $\Rightarrow$ 근호가 있는 쪽을 유리화

등비수열의 극한

등비수열 $\{r^n\}$ 의 수렴과 발산

등비수열 $\{r^n\}$의
수렴 조건
$-1 < r \le 1$

① $r > 1$ $\Rightarrow$ $\lim\limits_{n \to \infty} r^n = \infty$

② $r = 1$ $\Rightarrow$ $\lim\limits_{n \to \infty} r^n = 1$

③ $-1 < r < 1$ $\Rightarrow$ $\lim\limits_{n \to \infty} r^n = 0$ 수렴   발산

④ $r \le -1$ $\Rightarrow$ $\lim\limits_{n \to \infty} r^n$ 은 진동

*등비수열 $\{ar^{n-1}\}$이 수렴하기 위한 조건
 $\Rightarrow a = 0$ 또는 $-1 < r \le 1$

r^n을 포함한 수열의 극한

① $\underset{r<-1 \text{ or } r>1}{\boxed{|r|>1}}$ $\Rightarrow$ $\lim_{n\to\infty}|r^n|=\infty$ ② $\underset{-1<r<1}{\boxed{|r|<1}}$ $\Rightarrow$ $\lim_{n\to\infty}r^n=0$

③ $r=1$ $\Rightarrow$ $\lim_{n\to\infty}r^n=1$ ④ $r=-1$ $\Rightarrow$ $\{r^n\}$ 은 진동

수열 $\left\{\dfrac{r^n}{r^n+1}\right\}$ 의 극한값 구하기 (단, $r\neq -1$)

① $|r|<1$ $\Rightarrow$ $\lim_{n\to\infty}r^n=0$ $\Rightarrow$ $\lim_{n\to\infty}\dfrac{r^n}{r^n+1}=\dfrac{0}{0+1}=0$

② $r=1$ $\Rightarrow$ $\lim_{n\to\infty}r^n=1$ $\Rightarrow$ $\lim_{n\to\infty}\dfrac{r^n}{r^n+1}=\dfrac{1}{1+1}=\dfrac{1}{2}$

③ $|r|>1$ $\Rightarrow$ $\lim_{n\to\infty}|r^n|=\infty$ $\Rightarrow$ $\lim_{n\to\infty}\dfrac{r^n}{r^n+1}=\lim_{x\to\infty}\dfrac{1}{1+\dfrac{1}{r^n}}=\dfrac{1}{1+0}=1$

$\lim_{n\to\infty}\dfrac{1}{r^n}=0$

급수

수열 $\{a^n\}$ 의 각 항을 차례로 더한 식

$$a_1 + a_2 + a_3 + \cdots + a_n + \cdots = \sum_{n=1}^{\infty} a_n = \lim_{n \to \infty} \sum_{k=1}^{n} a_k$$

부분합 $= S_n$

① 급수 $\sum_{n=1}^{\infty} a_n$ 이 수렴 $\Rightarrow \lim_{n \to \infty} a_n = 0$

＊ $\lim_{n \to \infty} a_n = 0 \Rightarrow \sum_{n=1}^{\infty} a_n$ 이 반드시 수렴하는 것은 아님

② $\lim_{n \to \infty} a_n \neq 0 \Rightarrow \sum_{n=1}^{\infty} a_n$ 은 발산

급수의 성질 수렴하는 급수 $\sum_{n=1}^{\infty} a_n$, $\sum_{n=1}^{\infty} b_n$

① $\sum_{n=1}^{\infty} (a_n \pm b_n) = \sum_{n=1}^{\infty} a_n \pm \sum_{n=1}^{\infty} b_n$ ② $\sum_{n=1}^{\infty} c a_n = c \sum_{n=1}^{\infty} a_n$ (단, c 는 상수)

등비급수의 수렴과 발산

등비급수

첫째 항 a, 공비 r인 등비수열 $\{ar^{n-1}\}$의 각 항을 더한 급수

$$\sum_{n=1}^{\infty} ar^{n-1} = a + ar + ar^2 + \cdots + ar^{n-1} + \cdots$$

등비급수의 수렴과 발산

① $|r| < 1$ ⇨ 수렴 ⇨ 등비급수의 합 $\dfrac{a}{1-r}$

② $|r| \geq 1$ ⇨ 발산

   *등비급수 $\displaystyle\sum_{n=1}^{\infty} ar^{n-1}$의 수렴 조건 ⇨ $a = 0$ 또는 $-1 < r < 1$

지수함수의 극한

$a > 0$, $a \neq 1$, r 은 실수

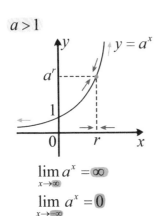

$a > 1$

$$\lim_{x \to r} a^x = a^r$$

$$\lim_{x \to \infty} a^x = \infty$$

$$\lim_{x \to -\infty} a^x = 0$$

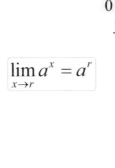

$0 < a < 1$

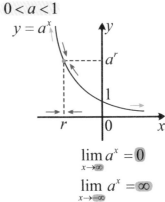

$$\lim_{x \to \infty} a^x = 0$$

$$\lim_{x \to -\infty} a^x = \infty$$

로그함수의 극한

$a > 0$, $a \neq 1$, r 은 양의 실수

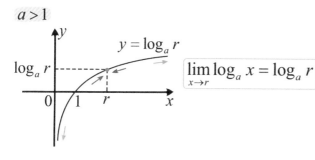

$a > 1$

$$\lim_{x \to r} \log_a x = \log_a r$$

$$\lim_{x \to 0+} \log_a x = -\infty$$

$$\lim_{x \to \infty} \log_a x = \infty$$

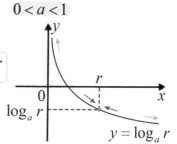

$0 < a < 1$

$$\lim_{x \to 0+} \log_a x = \infty$$

$$\lim_{x \to \infty} \log_a x = -\infty$$

자연상수 e와 자연로그

e의 정의

① $\displaystyle\lim_{x \to 0}(1+x)^{\frac{1}{x}} = e$　　② $\displaystyle\lim_{x \to \infty}(1+\frac{1}{x})^{x} = e$

$e = 2.71828182845904\cdots$

자연로그 $\log_e x = \ln x$

자연로그의 성질

$x > 0, \; y > 0$

① $\ln 1 = 0, \;\; \ln e = 1$　　② $\ln xy = \ln x + \ln y$

③ $\ln \dfrac{x}{y} = \ln x - \ln y$　　④ $\ln x^n = n \ln x$ (단, n은 실수)

e 의 정의를 이용한 지수함수와 로그함수의 극한

$a > 0,\ a \neq 1$

① $\lim\limits_{x \to 0} \dfrac{\ln(1+x)}{x} = 1$

② $\lim\limits_{x \to 0} \dfrac{e^x - 1}{x} = 1$

③ $\lim\limits_{x \to 0} \dfrac{\log_a(1+x)}{x} = \dfrac{1}{\ln a}$

④ $\lim\limits_{x \to 0} \dfrac{a^x - 1}{x} = \ln a$

$$\lim_{x \to 0} \frac{\ln(1+x)}{x}$$
$$= \lim_{x \to 0} \frac{1}{x} \ln(1+x)$$
$$= \lim_{x \to 0} \ln(1+x)^{\frac{1}{x}}$$
$$= \lim_{x \to 0} \ln e = 1$$

지수함수와 로그함수의 미분법

① $y = e^x \Rightarrow y' = e^x$ (예) $y = e^{-x} \Rightarrow y' = -e^{-x}$

② $y = a^x \Rightarrow y' = a^x \ln a$ (단, $a > 0,\ a \neq 1$)

③ $y = \ln x \Rightarrow y' = \dfrac{1}{x}$ (예) $y = \ln 3x = \ln 3 + \ln x \Rightarrow y' = \dfrac{1}{x}$

④ $y = e^{kx} \Rightarrow y' = ke^{kx}$

⑤ $y = \log_a x \Rightarrow y' = \dfrac{1}{x \ln a}$ (단, $a > 0,\ a \neq 1$)

삼각함수의 덧셈정리

$\dfrac{1}{\sin\theta} = \csc\theta$	$\dfrac{1}{\cos\theta} = \sec\theta$	$\dfrac{1}{\tan\theta} = \cot\theta$

삼각함수 사이의 관계

① $1 + \tan^2\theta = \sec^2\theta$ ② $1 + \cot^2\theta = \csc^2\theta$

삼각함수의 덧셈정리

① $\underline{\sin(\alpha \pm \beta)} = \sin\alpha\cos\beta \pm \cos\alpha\sin\beta$

② $\underline{\cos(\alpha \pm \beta)} = \cos\alpha\cos\beta \mp \sin\alpha\sin\beta$

③ $\tan(\alpha \pm \beta) = \dfrac{\tan\alpha \pm \tan\beta}{1 \mp \tan\alpha\tan\beta}$

삼각함수의 합성

① $a\sin\theta + b\cos\theta = \sqrt{a^2+b^2}\sin(\theta+\alpha)$

$$\left(\text{단, } \cos\alpha = \frac{a}{\sqrt{a^2+b^2}}, \ \sin\alpha = \frac{b}{\sqrt{a^2+b^2}}\right)$$

② $a\sin\theta + b\cos\theta = \sqrt{a^2+b^2}\cos(\theta-\beta)$

$$\left(\text{단, } \cos\beta = \frac{b}{\sqrt{a^2+b^2}}, \ \sin\beta = \frac{a}{\sqrt{a^2+b^2}}\right)$$

$y = a\sin\theta + b\cos\theta \ (a \neq 0, \ b \neq 0)$

① 주기 ⇨ 2π 　② 최댓값 ⇨ $\sqrt{a^2+b^2}$ 　③ 최솟값 ⇨ $-\sqrt{a^2+b^2}$

배각공식과 반각공식

배각공식

① $\sin 2\alpha = 2\sin\alpha\cos\alpha$

② $\cos 2\alpha = \cos^2\alpha - \sin^2\alpha$
$= 2\cos^2\alpha - 1$
$= 1 - 2\sin^2\alpha$

③ $\tan 2\alpha = \dfrac{2\tan\alpha}{1-\tan^2\alpha}$

반각공식

① $\sin^2\dfrac{\alpha}{2} = \dfrac{1-\cos\alpha}{2}$

② $\cos^2\dfrac{\alpha}{2} = \dfrac{1+\cos\alpha}{2}$

③ $\tan^2\dfrac{\alpha}{2} = \dfrac{1-\cos\alpha}{1+\cos\alpha}$

삼각함수의 극한

삼각함수의 극한

① $\lim\limits_{x \to 0} \dfrac{\sin \boxed{x}}{\boxed{x}} = \lim\limits_{x \to 0} \dfrac{x}{\sin x} = \boxed{1}$ ⎤
$\qquad\qquad\qquad\qquad\qquad\qquad\qquad$ $\left.\vphantom{\begin{matrix}a\\b\end{matrix}}\right]$ $\lim\limits_{x \to 0} \dfrac{\sin x}{\tan x} = 1$

② $\lim\limits_{x \to 0} \dfrac{\tan \boxed{x}}{\boxed{x}} = \lim\limits_{x \to 0} \dfrac{x}{\tan x} = \boxed{1}$ ⎦

③ $\lim\limits_{x \to 0} \dfrac{\sin bx}{\boxed{a}x} = \dfrac{\boxed{b}}{\boxed{a}}, \quad \lim\limits_{x \to 0} \dfrac{\sin \boxed{d}x}{\sin \boxed{c}x} = \dfrac{\boxed{d}}{\boxed{c}}$ (단, $a \neq 0, c \neq 0$)

④ $\lim\limits_{x \to 0} \dfrac{\tan bx}{\boxed{a}x} = \dfrac{\boxed{b}}{\boxed{a}}, \quad \lim\limits_{x \to 0} \dfrac{\tan \boxed{d}x}{\tan \boxed{c}x} = \dfrac{\boxed{d}}{\boxed{c}}$ (단, $a \neq 0, c \neq 0$)

⑤ $\lim\limits_{x \to 0} \dfrac{\sin bx}{\tan ax} = \dfrac{b}{a}$ (단, $a \neq 0$)

$\lim\limits_{x \to a} \sin x = \sin a$

$\lim\limits_{x \to a} \cos x = \cos a$

$\lim\limits_{x \to a} \tan x = \tan a$

(단, $a \neq n\pi + \dfrac{\pi}{2}$, n은 정수)

삼각함수의 도함수

함수의 몫의 미분법

미분 가능한 함수 $f(x)$, $g(x)$(단, $g(x) \neq 0$)

① $y = \dfrac{1}{g(x)} \Rightarrow y' = -\dfrac{g'(x)}{\{g(x)\}^2}$

② $y = \dfrac{f(x)}{g(x)} \Rightarrow y' = \dfrac{f'(x)g(x) - f(x)g'(x)}{\{g(x)\}^2}$

$$\csc\theta = \frac{1}{\sin\theta}$$
$$\sec\theta = \frac{1}{\cos\theta}$$
$$\cot\theta = \frac{1}{\tan\theta}$$

삼각함수의 도함수

① $y = \sin x \Rightarrow y' = \cos x$

② $y = \cos x \Rightarrow y' = -\sin x$

③ $y = \tan x \Rightarrow y' = \sec^2 x$

④ $y = \sec x \Rightarrow y' = \sec x \tan x$

⑤ $y = \csc x \Rightarrow y' = -\csc x \cot x$

⑥ $y = \cot x \Rightarrow y' = -\csc^2 x$

지수함수와 로그함수의 도함수

지수함수의 도함수

① $y = e^x \Rightarrow y' = e^x$

② $y = a^x \Rightarrow y' = a^x \ln a$
 (단, $a > 0,\ a \neq 1$)

③ $y = e^{f(x)} \Rightarrow y = e^{f(x)} \boxed{f'(x)}$

④ $y = a^{f(x)} \Rightarrow y' = a^{f(x)} \ln a \boxed{f'(x)}$
 (단, $a > 0,\ a \neq 1$)

⑤ $y = x^n \Rightarrow y' = nx^{n-1}$

⑥ $y = \sqrt{f(x)} \Rightarrow y' = \dfrac{f'(x)}{2\sqrt{f(x)}}$

로그함수의 도함수

① $y = \ln|x| \Rightarrow y' = \dfrac{1}{x}$

② $y = \log_a |x| \Rightarrow y' = \dfrac{1}{x \ln a}$

③ $y = \ln|f(x)| \Rightarrow y' = \dfrac{f'(x)}{f(x)}$

④ $y = \log_a |f(x)| \Rightarrow y' = \dfrac{f'(x)}{f(x) \ln a}$
 (단, $a > 0,\ a \neq 1$)

매개변수, 음함수의 미분법

매개변수로 나타낸 함수의 미분법

$x = f(t)$, $y = g(t)$ 가 t에 대하여 미분 가능, $f'(t) \neq 0$

└→ 매개변수

$$\frac{dy}{dx} = \frac{\dfrac{dy}{dt}}{\dfrac{dx}{dt}} = \frac{g'(t)}{f'(t)}$$

음함수의 미분법

x의 함수 y가 $f(x, y) = 0$의 꼴로 주어졌을 때

① $\dfrac{d}{dx} x^n = nx^{n-1}$ ② $\dfrac{d}{dx} y^n = ny^{n-1} \cdot \dfrac{dy}{dx}$

합성함수와 역함수의 미분법

합성함수의 미분법

$y = f(u)$, $u = g(x)$가 미분 가능하면 $y = f(g(x))$도 미분 가능

$$y = \boxed{f(g(x))} \Rightarrow y' = \boxed{f'(g(x))} \cdot \boxed{g'(x)}$$

역함수의 미분법

미분 가능한 함수 $f(x)$, $g(x)$, $f^{-1}(x) = g(x)$

① $g'(x) = \dfrac{1}{f'(g(x))}$ 또는 $\boxed{\dfrac{dy}{dx} = \dfrac{1}{\dfrac{dx}{dy}}}$ (단, $f'(g(x)) \neq 0$, $\dfrac{dy}{dx} \neq 0$)

② $f(\boxed{a}) = \boxed{b}$, $g(\boxed{b}) = \boxed{a} \Rightarrow g'(\boxed{b}) = \dfrac{1}{f'(\boxed{a})}$ (단, $f'(a) \neq 0$)

이계도함수

$$y = f(x) \xrightarrow{\text{미분}} y' = f'(x) \xrightarrow{\text{미분}} y'' = f''(x)$$

미분가능   미분가능 $= \dfrac{d^2y}{dx^2}, \dfrac{d^2}{dx^2}f(x)$

이계도함수를 이용한 함수의 극대와 극소

이계도함수를 갖는 함수 $f(x)$

① $f'(a) = 0$, $f''(a) < 0$ ⇨ $x = a$ 에서 **극대**, 극댓값 $f(a)$

② $f'(a) = 0$, $f''(a) > 0$ ⇨ $x = a$ 에서 **극소**, 극솟값 $f(a)$

지수함수, 로그함수의 극대와 극소

$f(x) = x^2 e^x$ 곱의 미분법

〈방법1〉 $f'(x) = 2xe^x + x^2 e^x$
$= x(2+x)e^x = 0$
$x = 0 \ or \ -2$

x	$\cdots$	-2	$\cdots$	0	$\cdots$
$f'(x)$		$+$	0	$-$	0	$+$
$f(x)$		$\nearrow$	$\frac{4}{e^2}$	$\searrow$	0	$\nearrow$

극대   극소

〈방법2〉 $f''(x) = (2x+2)e^x + (x^2 + 2x)e^x$
$= (x^2 + 4x + 2)e^x$

$\underline{f''(-2) < 0, \ f''(0) > 0}$

극댓값 $f(-2) = \dfrac{4}{e^2}$ 극솟값 $f(0) = 0$

$f(x) = \dfrac{\ln x}{x} \ (x > 0)$ 몫의 미분법

〈방법1〉 $f'(x) = \dfrac{1 - \ln x}{x^2} = 0$
$x = e$

x	0	$\cdots$	e	$\cdots$
$f'(x)$		$+$	0	$-$
$f(x)$		$\nearrow$	$\frac{1}{e}$	$\searrow$

극대

〈방법2〉 $f''(x) = \dfrac{2\ln x - 3}{x^3}$

$\underline{f''(e) < 0}$

극댓값 $f(e) = \dfrac{1}{e}$

접선의 방정식(1)

접점의 좌표가 주어질 때

$f(x)$가 $x = a$에서 미분 가능할 때,
곡선 $y = f(x)$위의 점 $P(a, f(a))$에서의 접선의 방정식

$$y - f(a) = f'(a)(x - a)$$

다음 곡선 위의 주어진 점에서의 접선의 방정식

① $y = \cos x$, $(\dfrac{\pi}{2}, 0)$

$f'(x) = -\sin x$

$f'(\dfrac{\pi}{2}) = -\sin \dfrac{\pi}{2} = -1$ ⇨ 기울기

$y - 0 = -1(x - \dfrac{\pi}{2})$

⇨ $y = -x + \dfrac{\pi}{2}$

② $y = \ln x$, $(e, 1)$

$f'(x) = \dfrac{1}{x}$

$f'(e) = \dfrac{1}{e}$ ⇨ 기울기

$y - 1 = \dfrac{1}{e}(x - e)$

⇨ $y = \dfrac{1}{e}x$

접선의 방정식(2)

기울기가 주어질 때

$y = \sqrt{x}$에 접하고, 기울기가 $\frac{1}{8}$인 접선의 방정식

$f'(x) = \dfrac{1}{2\sqrt{x}}$, 접점 $(a, \sqrt{a})$

$f'(a) = \dfrac{1}{2\sqrt{a}} = \dfrac{1}{8}$ ⇨ 기울기

⇨ $a = 16$, 접점 $(16, 4)$

$y - 4 = \dfrac{1}{8}(x - 16)$

⇨ $y = \dfrac{1}{8}x + 2$

곡선 밖의 한 점의 좌표가 주어질 때

원점에서 곡선 $y = e^x$에 그은 접선의 방정식

$f'(x) = e^x$, 접점 (a, e^a)

$f'(a) = e^a$ ⇨ 기울기

$y - e^a = e^a(x - a)$

$y = e^a x + e^a(1 - a)$ ....⑦

$(0, 0)$을 ⑦에 대입

$0 = e^a(1 - a)$ ⇨ $a = 1$ $(\because e^a > 0)$

$a = 1$을 ⑦에 대입 ⇨ $y = ex$

오목과 볼록, 곡선의 변곡점

곡선의 오목과 볼록

$f(x)$가 어떤 구간에서

① $f''(x) > 0$ ▷ $y = f(x)$는 이 구간에서 아래로 볼록

② $f''(x) < 0$ ▷ $y = f(x)$는 이 구간에서 위로 볼록

변곡점

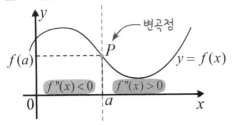

$f''(a) = 0$이고
$x = a$의 좌우에서
$f''(x)$의 부호가 바뀌면
점 $(a, f(a))$는 $y = f(x)$의 변곡점

방정식에의 활용

방정식의 실근의 개수

① $f(x) = g(x)$ 의 실근의 개수 ▷ $y = f(x)$, $y = g(x)$ 의 교점의 개수

② $f(x) = \underline{0}$ 의 실근의 개수 ▷ $y = f(x)$ 와 x축의 교점의 개수
   $y = 0(x축)$

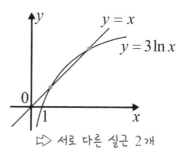

$x - 3\ln x = 0$ 의 실근의 개수 구하기

$x = 3\ln x$ ▷ $\underline{y = x, \ y = 3\ln x}$
                   두 그래프의 교점

▷ 서로 다른 실근 2개

평면운동에서의 속도와 가속도

좌표평면 위를 움직이는 점 P의 시각 t에서의 위치 (x, y)가
$x = f(t),\ y = g(t)$일 때, 시각 t에서의 점 P의 속도와 가속도

위치 $\xrightarrow{\ \text{미분}\ }$ 속도 $\xrightarrow{\ \text{미분}\ }$ 가속도

$$(x, y) \xrightarrow{\ \text{미분}\ } (f'(t),\ g'(t)) \xrightarrow{\ \text{미분}\ } (f''(t),\ g''(t))$$

$$\underbrace{\sqrt{\{f'(t)\}^2 + \{g'(t)\}^2}}_{\text{속도의 크기(속력)}} \qquad \underbrace{\sqrt{\{f''(t)\}^2 + \{g''(t)\}^2}}_{\text{가속도의 크기}}$$

여러 가지 함수의 부정적분

$y = x^n$ (n은 실수)의 부정적분

① $n \neq -1 \Rightarrow \int x^n dx = \dfrac{1}{n+1} x^{n+1} + C$ ② $n = -1 \Rightarrow \int \dfrac{1}{x} dx = \ln|x| + C$

삼각함수의 부정적분

① $\int \sin x\, dx = -\cos x + C$

② $\int \cos x\, dx = \sin x + C$

③ $\int \sec^2 x\, dx = \tan x + C$

④ $\int \csc^2 x\, dx = -\cot x + C$

⑤ $\int \sec x \tan x\, dx = \sec x + C$

⑥ $\int \csc x \cot x\, dx = -\csc x + C$

지수함수의 부정적분

① $\int e^x\, dx = e^x + C$

② $\int a^x\, dx = \dfrac{a^x}{\ln a} + C$ (단, $a > 0$, $a \neq 1$)

치환적분

변수를 다른 변수로 바꾸어 적분하는 방법

미분 가능한 함수 $g(t)$에 대하여 $x = g(t)$로 치환하면

$$\int f(x)dx = \int f(g(t))g'(t)dt$$

(예) $\int (2x+1)^5 dx = \int t^5 \cdot \frac{1}{2} dt = \frac{1}{12}t^6 + C = \frac{1}{12}(2x+1)^6 + C$

$$(\because 2x+1 = t \Rightarrow \underset{\text{x에 대해 미분}}{2 = \frac{dt}{dx}} \Rightarrow dx = \frac{1}{2}dt)$$

◻️ 를 t로 치환함

① $\int \sqrt{f(x)} f'(x)dx$ ② $\int f(\ln x) \cdot \frac{1}{x}dx$

③ $\int f(e^x) \cdot e^x dx$ ④ $\int f(\sin x)\cos x dx$

유리함수의 부정적분

$\frac{f'(x)}{f(x)}$ 꼴의 부정적분

$f(x) = t$ 로 놓으면 $\boxed{f'(x) = \dfrac{dt}{dx}}$

$$\int \frac{f'(x)}{f(x)} dx = \int \frac{1}{f(x)} f'(x) dx = \int \frac{1}{t} dt = \ln|t| + C = \underline{\ln|f(x)|} + C$$

다시 원래 함수로 돌려 놓아야 함

$\frac{f'(x)}{f(x)}$ 꼴이 아닌 분수함수의 부정적분

① 분자의 차수 ≥ 분모의 차수

$$\int \frac{x-1}{x-2} dx = \int (1 + \frac{1}{x-2}) dx = x + \ln|x-2| + C$$

② 분자의 차수 < 분모의 차수

$$\int \frac{1}{x(x+1)} dx = \int (\frac{1}{x} - \frac{1}{x+1}) dx = \ln|x| - \ln|x+1| + C = \ln\left|\frac{1}{x+1}\right| + C$$

부분적분

미분 가능한 함수 $f(x)$, $g(x)$

그대로   미분

$$\int f(x)g'(x)dx = f(x)g(x) - \int f'(x)g(x)dx$$

적분   그대로

로그함수	다항함수	삼각함수	지수함수

$f(x)$ ⟵ ⟶ $g'(x)$

$f(x)$ ⇨ 미분하면 간단해지는 함수 $g'(x)$ ⇨ 적분하기 쉬운 함수

(예) $\int \underset{f(x)}{(x+1)} \underset{g'(x)}{e^x} dx = (x+1)e^x - \int 1 \cdot e^x dx$

$= (x+1)e^x - e^x + C = xe^x + C$

정적분의 치환적분과 부분적분

치환적분

$f(x)$가 $[a,b]$에서 연속

미분 가능한 함수 $x = g(t)$의 도함수 $g'(t)$가 $[\alpha, \beta]$에서 연속이고,

$a = g(\alpha), \; b = g(\beta)$

$\Rightarrow \displaystyle\int_a^b f(x)dx = \int_\alpha^\beta f(g(t))g'(t)dt$

부분적분

미분 가능한 함수 $f(x), g(x)$의 도함수 $f'(x), g'(x)$가 연속일 때,

$$\int_a^b f(x)g'(x)dx = \Big[f(x)g(x)\Big]_a^b - \int_a^b f'(x)g(x)dx$$

정적분과 급수

$$\lim_{n \to \infty} \sum_{k=1}^{n} f\left(a + \frac{pk}{n}\right) \cdot \frac{p}{n} = \int_{a}^{a+p} f(x)dx$$

① 에서 적분구간 이해하기
$$1 + \frac{2k}{n} \to x, \quad \frac{2}{n} \to dx$$
$$\begin{cases} k = 1, \ n = \infty \to x = 1 \\ k = n \to x = 3 \end{cases}$$
⇨ 적분구간 $[1, 3]$

① $\lim_{n \to \infty} \sum_{k=1}^{n} f\left(a + \frac{(b-a)k}{n}\right) \cdot \frac{b-a}{n} = \int_{a}^{b} f(x)dx$

$$\lim_{n \to \infty} \sum_{k=1}^{n} \left(1 + \frac{2k}{n}\right)^2 \cdot \frac{2}{n} = \int_{1}^{1+2} x^2 \, dx = \left[\frac{1}{3}x^3\right]_{1}^{3} = \frac{36}{3}$$

② $\lim_{n \to \infty} \sum_{k=1}^{n} f\left(a + \frac{pk}{n}\right) \cdot \frac{p}{n} = \int_{a}^{a+p} f(x)dx = \int_{0}^{p} f(a+x)dx$

$$\lim_{n \to \infty} \sum_{k=1}^{n} \left(1 + \frac{2k}{n}\right)^2 \cdot \frac{2}{n} = \int_{1}^{1+2} x^2 \, dx = \int_{0}^{2} (1+x)^2 \, dx = \left[\frac{1}{3}x^3 + x^2 + x\right]_{0}^{2} = \frac{36}{3}$$

③ $\lim_{n \to \infty} \sum_{k=1}^{n} f\left(a + \frac{pk}{n}\right) \cdot \frac{q}{n} = q\int_{0}^{1} f(a+px)dx$

$$\lim_{n \to \infty} \sum_{k=1}^{n} \left(1 + \frac{2k}{n}\right)^2 \cdot \frac{2}{n} = 2\int_{0}^{1} (1+2x)^2 \, dx = 2\int_{0}^{1} (4x^2 + 4x + 1) \, dx = 2\left[\frac{4}{3}x^3 + 2x^2 + x\right]_{0}^{1} = \frac{36}{3}$$

속도와 거리

평면 위를 움직이는 점의 움직인 거리

좌표평면 위를 움직이는 점 P의 시각 t에서의 위치 (x, y)가
$x = f(t)$, $y = g(t)$일 때, $t = a$ 에서 $t = b$까지 점 P가 움직인 거리

$$s = \int_a^b \sqrt{\{f'(t)\}^2 + \{g'(t)\}^2}\, dt$$

→ t에서의 속도의 크기(속력)

곡선의 길이

$[a, b]$에서 곡선 $y = f(x)$의 길이

$$l = \int_a^b \sqrt{1 + \{f'(x)\}^2}\, dx$$

고등수학
기하
part
12

수포의공식집

Part 12
고등수학 〈기하〉

포물선

포물선

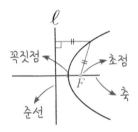

꼭짓점
초점
축
준선

평면위의 한 점 F와
이 점을 지나지 않는
한 직선 ℓ이 주어질 때,
점 F와 직선 ℓ에 이르는
거리가 같은 점들의 집합

포물선의 방정식

$p > 0$

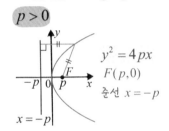

$y^2 = 4px$
$F(p, 0)$
준선 $x = -p$

$p < 0$

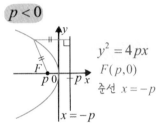

$y^2 = 4px$
$F(p, 0)$
준선 $x = -p$

$p > 0$

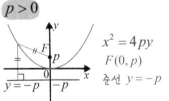

$x^2 = 4py$
$F(0, p)$
준선 $y = -p$

$p < 0$

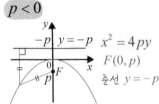

$x^2 = 4py$
$F(0, p)$
준선 $y = -p$

포물선의 접선의 방정식

① $y^2 = 4px$ 에 접하고
기울기가 m인 접선의 방정식 $\Rightarrow$ $y = mx + \dfrac{p}{m}$ (단, $m \neq 0$)

② $y^2 = 4px$ 위의 점 (x_1, y_1)
에서의 접선의 방정식 $\Rightarrow$ $y_1 y = 2p(x + x_1)$

$x^2 = 4py$ 위의 점 (x_1, y_1)
에서의 접선의 방정식 $\Rightarrow$ $x_1 x = 2p(y + y_1)$

③ 포물선 밖의 한 점 (a, b)에서
$y^2 = 4px$ 에 그은 접선의 방정식 $\Rightarrow$ 기울기를 m으로 하고 $y = mx + \dfrac{p}{m}$ 에
(a, b) 대입하여 구함

타원

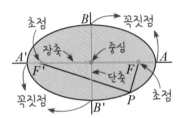

초점
장축
중심
단축
꼭짓점
초점
꼭짓점

평면 위의 서로 다른
두 점 F, F'에서의
거리의 합이 일정한
점들의 집합

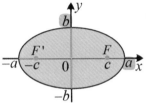

초점 $F(c,0)$, $F'(-c,0)$
거리의 합은 $2a$

$$\frac{x^2}{a^2} + \frac{y^2}{b^2} = 1$$

(단, $a > c > 0$, $b^2 = a^2 - c^2$)

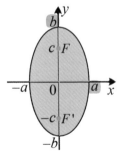

초점 $F(0,c)$, $F'(0,-c)$
거리의 합은 $2b$

$$\frac{x^2}{a^2} + \frac{y^2}{b^2} = 1$$

(단, $b > c > 0$, $a^2 = b^2 - c^2$)

타원의 접선의 방정식

① $\dfrac{x^2}{a^2} + \dfrac{y^2}{b^2} = 1$에 접하고

기울기가 m인 접선의 방정식

⇨ $y = mx \pm \sqrt{a^2 m^2 + b^2}$

③ $\dfrac{x^2}{a^2} + \dfrac{y^2}{b^2} = 1$ 위의 점 (x_1, y_1)

에서의 접선의 방정식

⇨ $\dfrac{x_1 x}{a^2} + \dfrac{y_1 y}{b^2} = 1$

② 타원 밖의 한 점 (p, q)에서

$\dfrac{x^2}{a^2} + \dfrac{y^2}{b^2} = 1$ 에 그은 접선의 방정식

⇨ 접점을 (x_1, y_1)이라 하고

$\dfrac{x_1 x}{a^2} + \dfrac{y_1 y}{b^2} = 1$ …㉠에 (p, q) 대입

$\dfrac{p x_1}{a^2} + \dfrac{q y_1}{b^2} = 1$ …㉡

타원의 방정식에 (x_1, y_1) 대입

$\dfrac{x_1^2}{a^2} + \dfrac{y_1^2}{b^2} = 1$ …㉢

㉡과 ㉢을 연립하여 구한 접점을

㉠에 대입하여 방정식 구함

쌍곡선

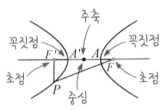

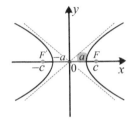

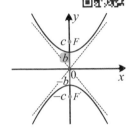

평면위의 서로 다른 두 점 F, F'에서의 거리의 차가 일정한 점들의 집합

초점 $F(c,0)$, $F'(-c,0)$
거리의 차가 $2a$ 주축의 길이
$$\dfrac{x^2}{a^2} - \dfrac{y^2}{b^2} = 1$$
$(b^2 = c^2 - a^2)$

점근선 $\Rightarrow$ $y = \pm \dfrac{b}{a} x$

초점 $F(0,c)$, $F'(0,-c)$
거리의 차가 $2b$ 주축의 길이
$$\dfrac{x^2}{a^2} - \dfrac{y^2}{b^2} = -1$$
$(a^2 = c^2 - b^2)$

점근선 $\Rightarrow$ $y = \pm \dfrac{b}{a} x$

쌍곡선의 접선의 방정식

① $\dfrac{x^2}{a^2} - \dfrac{y^2}{b^2} = 1$ 에 접하고

기울기가 m인 접선의 방정식

$$y = mx \pm \sqrt{a^2 m^2 - b^2}$$
(단, $a^2 m^2 - b^2 > 0$)

② $\dfrac{x^2}{a^2} - \dfrac{y^2}{b^2} = 1$ 위의 점 (x_1, y_1)

에서의 접선의 방정식

$$\dfrac{x_1 x}{a^2} - \dfrac{y_1 y}{b^2} = 1$$

$\dfrac{x^2}{a^2} - \dfrac{y^2}{b^2} = -1$ 위의 점 (x_1, y_1)

에서의 접선의 방정식

$$\dfrac{x_1 x}{a^2} - \dfrac{y_1 y}{b^2} = -1$$

이차곡선의 평행이동

포물선의 평행이동

$$y^2 = 4px \quad \xrightarrow[\ y\text{축으로 } n \text{만큼}\ ]{\ x\text{축으로 } m \text{만큼}\ } \quad (y-n)^2 = 4p(x-m)$$

꼭짓점 (m,n), 초점 $(p+m, n)$, 준선 $x = p+m$

타원의 평행이동

$$\frac{x^2}{a^2} + \frac{y^2}{b^2} = 1 \quad \xrightarrow[\ y\text{축으로 } n \text{만큼}\ ]{\ x\text{축으로 } m \text{만큼}\ } \quad \frac{(x-m)^2}{a^2} + \frac{(y-n)^2}{b^2} = 1$$

쌍곡선의 평행이동

$$\frac{x^2}{a^2} - \frac{y^2}{b^2} = \pm 1 \quad \xrightarrow[\ y\text{축으로 } n \text{만큼}\ ]{\ x\text{축으로 } m \text{만큼}\ } \quad \frac{(x-m)^2}{a^2} - \frac{(y-n)^2}{b^2} = \pm 1$$

이차곡선과 직선의 위치 관계

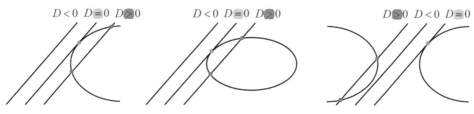

이차곡선과 직선의 방정식을 연립한 방정식의 판별식

① $D > 0 \Leftrightarrow$ 서로 다른 두 점에서 만남

② $D = 0 \Leftrightarrow$ 한 점에서 만남(접함)

③ $D < 0 \Leftrightarrow$ 만나지 않음

벡터의 정의

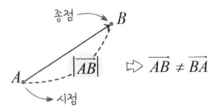

점 A에서 점 B로 **향하는**
방향과 크기가 주어진

벡터의 크기 $\left|\overrightarrow{AB}\right| = \overline{AB}$

① 두 벡터 $\vec{a}$, $\vec{b}$의 **크기**와 **방향**이 각각 같을 때, $\vec{a} = \vec{b}$

　벡터 $\vec{a}$와 크기가 같고 방향이 반대인 벡터 ▷ $-\vec{a}$

② **단위벡터** ▷ **크기가 1인 벡터**

③ **영벡터** ▷ **시점과 종점이 일치하는 벡터** $\vec{0}$ $(\vec{0} \neq 0)$

　$\left|\vec{0}\right| = 0$, 방향은 생각하지 않음

벡터의 연산

벡터의 덧셈

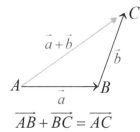

$$\overrightarrow{AB} + \overrightarrow{BC} = \overrightarrow{AC}$$

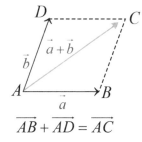

$$\overrightarrow{AB} + \overrightarrow{AD} = \overrightarrow{AC}$$

벡터의 뺄셈

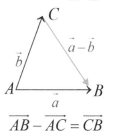

$$\overrightarrow{AB} - \overrightarrow{AC} = \overrightarrow{CB}$$

벡터의 덧셈에 대한 연산 법칙

교환법칙 ⇨ $\vec{a} + \vec{b} = \vec{b} + \vec{a}$

결합법칙 ⇨ $(\vec{a} + \vec{b}) + \vec{c} = \vec{a} + (\vec{b} + \vec{c})$

벡터의 실수배

벡터의 실수배 $k \times \vec{a} = k\vec{a}$

① $\vec{a} \neq 0$
- $k > 0 \Rightarrow k\vec{a}$ 는 $\vec{a}$와 <u>방향이 같고</u> 크기는 $k|\vec{a}|$
- $k = 0 \Rightarrow k\vec{a} = \vec{0}$
- $k < 0 \Rightarrow k\vec{a}$ 는 $\vec{a}$와 <u>방향이 반대이고</u> 크기는 $|k||\vec{a}|$

$\dfrac{\vec{a}}{|\vec{a}|}$ 는 $\vec{a}$와 방향이 같은 단위벡터

② $\vec{a} = \vec{0} \Rightarrow k\vec{a} = \vec{0}$

벡터의 실수배에 대한 연산 법칙

결합법칙 $\Rightarrow k(l\vec{a}) = (kl)\vec{a}$ (단, k, l은 실수)

분배법칙 $\Rightarrow (k+l)\vec{a} = k\vec{a} + l\vec{a}, \ k(\vec{a}+\vec{b}) = k\vec{a} + k\vec{b}$

벡터의 평행

$\vec{a}, \vec{b}$ 의 방향이 <u>같거나 반대일</u> 때, $\vec{a} /\!/ \vec{b}$ (단, $\vec{a} \neq \vec{0}$, $\vec{b} \neq \vec{0}$)

두 벡터가 평행할 조건

$\vec{a} \neq \vec{0}$, $\vec{b} \neq \vec{0}$, k 는 0이 아닌 실수

$\vec{a} /\!/ \vec{b} \Leftrightarrow \vec{b} = k\vec{a}$

세 점이 한 직선 위에 있을 조건

서로 다른 세 점 A, B, C 가
한 직선 위에 있다 $\Longleftrightarrow$ $\overrightarrow{AB} /\!/ \overrightarrow{AC}$, 즉 $\overrightarrow{AB} = k\overrightarrow{AC}$
(단, k 는 0이 아닌 실수)

위치벡터

위치벡터

한 점 0을 시점으로 하는 벡터 $\overrightarrow{OP}$ ⇨ 점 0에 대한 점 P의 위치벡터

두 점 A, B의 위치벡터를 각각 $\vec{a}, \vec{b}$라 할 때, $\overrightarrow{AB} = \vec{b} - \vec{a}$

선분의 내분점과 외분점의 위치벡터

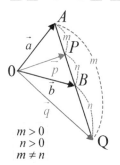

$m > 0$
$n > 0$
$m \neq n$

두 점 A, B, C의 위치벡터를 각각 $\vec{a}, \vec{b}, \vec{c}$라 할 때,

① $\overrightarrow{AB}$를 $m:n$으로 내분하는 점 P의 위치벡터

⇨ $\vec{p} = \dfrac{m\vec{b} + n\vec{a}}{m + n}$

② $\overrightarrow{AB}$를 $m:n$으로 외분하는 점 Q의 위치벡터

⇨ $\vec{q} = \dfrac{m\vec{b} - n\vec{a}}{m - n}$

③ 삼각형 ABC의 무게중심 G의 위치벡터 ⇨ $\vec{g} = \dfrac{\vec{a} + \vec{b} + \vec{c}}{3}$

평면벡터의 성분과 연산

평면벡터의 성분

좌표평면에서 위치벡터 $\vec{a}$의 종점의 좌표가 (a_1, a_2)

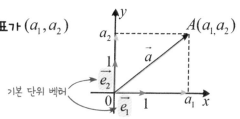

$$\Rightarrow \quad \vec{a} = (a_1, a_2) = a_1\vec{e_1} + a_2\vec{e_2}$$
$$\underbrace{\qquad\qquad\qquad}_{\text{벡터 } \vec{a} \text{의 성분}}$$

$$|\vec{a}| = \sqrt{a_1{}^2 + a_2{}^2}$$

기본 단위 벡터

성분으로 나타낸 평면벡터의 연산

$\vec{a} = (a_1, a_2), \ \vec{b} = (b_1, b_2)$

① $\vec{a} \pm \vec{b} = (a_1 \pm b_1, a_2 \pm b_2)$

② $k\vec{a} = (ka_1, ka_2)$ (단, k는 실수)

$\overrightarrow{AB}$의 성분과 크기

$A(a_1, a_2), \ B(b_1, b_2)$

① $\overrightarrow{AB} = (b_1 - a_1, b_2 - a_2)$

② $|\overrightarrow{AB}| = \sqrt{(b_1 - a_1)^2 + (b_2 - a_2)^2}$

평면벡터의 내적

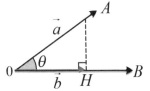

$\vec{a}, \vec{b}$ 의 내적 $\overrightarrow{|OH|} \times |\vec{b}|$

$\Rightarrow \vec{a} \cdot \vec{b} = |\vec{a}||\vec{b}|\cos\theta \ (0° \le \theta \le 90°)$

$\vec{a} \cdot \vec{b} = -|\vec{a}||\vec{b}|\cos(180° - \theta) \ (90° \le \theta \le 180°)$

평면벡터 성분의 내적

$\vec{a} = (a_1, a_2), \ \vec{b} = (b_1, b_2) \Rightarrow \vec{a} \cdot \vec{b} = a_1 b_1 + a_2 b_2$

평면벡터의 내적의 연산법칙

① $\vec{a} \cdot \vec{b} = \vec{b} \cdot \vec{a}$ ② $\underline{\vec{a} \cdot \vec{a} = |\vec{a}|^2}$ ③ $\vec{a} \cdot (\vec{b} + \vec{a}) = \vec{a} \cdot \vec{b} + \vec{a} \cdot \vec{c}$

④ $(k\vec{a}) \cdot \vec{b} = \vec{a} \cdot (k\vec{b}) = k(\vec{a} \cdot \vec{b})$ (단, k는 실수)

⑤ $|\vec{a} \pm \vec{b}|^2 = |\vec{a}|^2 \pm 2\vec{a} \cdot \vec{b} + |\vec{b}|^2$

평면벡터의 수직과 평행

평면벡터가 이루는 각의 크기

$\vec{a} = (a_1, a_2), \ \vec{b} = (b_1, b_2)$ 가 이루는 각의 크기 θ (단, $\vec{a}, \vec{b} \neq 0$)

① $\vec{a} \cdot \vec{b} \geq 0 \ \Rightarrow \ \cos\theta = \dfrac{\vec{a} \cdot \vec{b}}{|\vec{a}||\vec{b}|} = \dfrac{a_1 b_1 + a_2 b_2}{\sqrt{a_1^2 + a_2^2}\sqrt{b_1^2 + b_2^2}}$
  $(0° \leq \theta \leq 90°)$

② $\vec{a} \cdot \vec{b} < 0 \ \Rightarrow \ \cos(180° - \theta) = -\dfrac{\vec{a} \cdot \vec{b}}{|\vec{a}||\vec{b}|} = -\dfrac{a_1 b_1 + a_2 b_2}{\sqrt{a_1^2 + a_2^2}\sqrt{b_1^2 + b_2^2}}$
  $(90° \leq \theta \leq 180°)$

평면벡터의 수직과 평행

$\vec{a} = (a_1, a_2), \ \vec{b} = (b_1, b_2)$ (단, $\vec{a}, \vec{b} \neq 0$)

① $\vec{a} \perp \vec{b} \ \Leftrightarrow \ \vec{a} \cdot \vec{b} = 0 \ \Leftrightarrow \ a_1 b_1 + a_2 b_2 = 0$

② $\vec{a} /\!/ \vec{b} \ \Leftrightarrow \ \vec{a} = k\vec{b}$ (단, $k \neq 0$) $\Leftrightarrow \ \vec{a} \cdot \vec{b} = \pm |\vec{a}||\vec{b}|$

평면벡터를 이용한 직선의 방정식

방향벡터 이용	법선벡터 이용
$l \parallel \vec{u}$ (단, $\vec{u} \neq \vec{0}$) $\vec{p} = \vec{a} + k\vec{u}$ (단, k는 실수) 이때 $\vec{u}$는 직선 l의 방향벡터	$l \perp \vec{n}$ (단, $\vec{n} \neq \vec{0}$) $(\vec{p} - \vec{a}) \cdot \vec{n} = 0$ 이때 $\vec{n}$는 직선 l의 법선벡터
$A(x_1, y_1)$을 지나고 $\vec{u} = (a, b)$인 직선의 방정식 $\Rightarrow \dfrac{x - x_1}{a} = \dfrac{y - y_1}{b}$ (단, $ab \neq 0$)	$A(x_1, y_1)$을 지나고 $\vec{n} = (a, b)$인 직선의 방정식 $\Rightarrow a(x - x_1) + b(y - y_1) = 0$

평면벡터를 이용한 원의 방정식

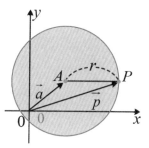

원의 중심 $A(x_1, y_1)$, $\overline{AP} = r$ 인 점 $P(x, y)$,
두 점 A, P의 위치벡터를 각각 $\vec{a}, \vec{p}$라 할 때,
원의 방정식

$$|\vec{p} - \vec{a}| = r$$

양변제곱

$$(\vec{p} - \vec{a}) \cdot (\vec{p} - \vec{a}) = r^2$$

$$\Leftrightarrow (x - x_1, y - y_1) \cdot (x - x_1, y - y_1) = r^2$$

$$\Leftrightarrow \boxed{(x - x_1)^2 + (y - y_1)^2 = r^2}$$

삼수선의 정리와 이면각

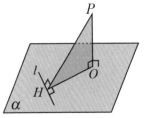

삼수선의 정리

① $\overline{PO} \perp \alpha$, $\overline{OH} \perp l$ $\Rightarrow$ $\overline{PH} \perp l$

② $\overline{PO} \perp \alpha$, $\overline{PH} \perp l$ $\Rightarrow$ $\overline{OH} \perp l$

③ $\overline{PH} \perp l$, $\overline{OH} \perp l$, $\overline{PO} \perp \overline{OH}$ $\Rightarrow$ $\overline{PO} \perp \alpha$

이면각

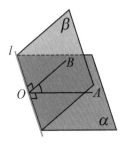

두 반평면 α, β의 교선 l, $\overline{OA} \perp l$, $\overline{OB} \perp l$

이면각 $\Rightarrow$ 두 평면 α, β로 이루어진 도형

이면각의 크기 $\Rightarrow$ $\angle BOA$

정사영

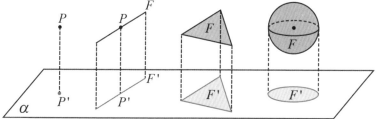

점 P'은 점 P의 평면 α로의 정사영
도형 F'은 도형 F의 평면 α로의 정사영

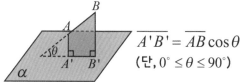

$\overline{A'B'} = \overline{AB}\cos\theta$
(단, $0° \le \theta \le 90°$)

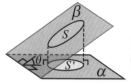

$S' = S\cos\theta$
(단, $0° \le \theta \le 90°$)

공간좌표

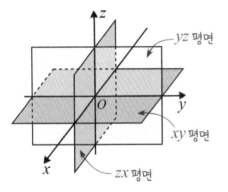

세 개의 수직선을 공간의 한 점 O 에서
직교하도록 그릴 때,

① 점 O ⇨ 원점

② 세 개의 수직선 ⇨ x 축, y 축, z 축

③ 세 개의 평면
 ⇨ xy 평면, yz 평면, zx 평면

④ 공간좌표 ⇨ $P(a, b, c)$

좌표공간에서 점의 좌표

점의 좌표

① x축 위의 점 $\Rightarrow (a,0,0)$

② y축 위의 점 $\Rightarrow (0,b,0)$

③ z축 위의 점 $\Rightarrow (0,0,c)$

④ xy평면 위의 점 $\Rightarrow (a,b,0)$

⑤ yz평면 위의 점 $\Rightarrow (0,b,c)$

⑥ zx평면 위의 점 $\Rightarrow (a,0,c)$

점의 대칭이동

$P(a,b,c)$의 대칭이동

① x축 대칭 $\Rightarrow (a,-b,-c)$

② y축 대칭 $\Rightarrow (-a,b,-c)$

③ z축 대칭 $\Rightarrow (-a,-b,c)$

④ 원점대칭 $\Rightarrow (-a,-b,-c)$

⑤ xy평면 대칭 $\Rightarrow (a,b,-c)$

⑥ yz평면 대칭 $\Rightarrow (-a,b,c)$

⑦ zx평면 대칭 $\Rightarrow (a,-b,c)$

좌표공간에서 두 점 사이의 거리

두 점 사이의 거리

$A(x_1, y_1, z_1)$, $B(x_2, y_2, z_2)$ 사이의 거리

$$\overline{AB} = \sqrt{(x_2 - x_1)^2 + (y_2 - y_1)^2 + (z_2 - z_1)^2}$$

선분의 내분점과 외분점, 삼각형의 무게중심

$A(x_1, y_1, z_1)$, $B(x_2, y_2, z_2)$, $C(x_3, y_3, z_3)$, $m > 0$, $n > 0$

① $\overline{AB}$ 를 $m:n$ 으로 내분하는 점 $\Rightarrow \left(\dfrac{mx_2 + nx_1}{m+n}, \dfrac{my_2 + ny_1}{m+n}, \dfrac{mz_2 + nz_1}{m+n} \right)$

② $\overline{AB}$ 를 $m:n$ 으로 외분하는 점 $\Rightarrow \left(\dfrac{mx_2 - nx_1}{m-n}, \dfrac{my_2 - ny_1}{m-n}, \dfrac{mz_2 - nz_1}{m-n} \right)$

③ $\triangle ABC$ 의 무게중심 $\Rightarrow \left(\dfrac{x_1 + x_2 + x_3}{3}, \dfrac{y_1 + y_2 + y_3}{3}, \dfrac{z_1 + z_2 + z_3}{3} \right)$

구의 방정식

$x^2 + y^2 + z^2 + Ax + By + Cz + D = 0$ (단, $A^2 + B^2 + C^2 - 4D > 0$)

————————————— 일반형

$$\longrightarrow (x - \boxed{a})^2 + (y - \boxed{b})^2 + (z - c)^2 = \boxed{r}^2$$

————————————— 표준형
중심좌표 $(\boxed{a,b},c)$, 반지름 r

① $\boxed{xy}$ 평면에서 접하는 구 $\Rightarrow (x-a)^2 + (y-b)^2 + (z-c)^2 = c^2$

② $\boxed{yz}$ 평면에서 접하는 구 $\Rightarrow (x - \boxed{a})^2 + (y-b)^2 + (z-c)^2 = \boxed{a}^2$

③ $\boxed{zx}$ 평면에서 접하는 구 $\Rightarrow (x-a)^2 + (y - \boxed{b})^2 + (z-c)^2 = \boxed{b}^2$

구와 평면의 위치 관계

구의 중심과 평면 사이의 거리 d

① $d < r \Rightarrow$ 만나서 원이 생긴다   ② $d = r \Rightarrow$ 접한다   ③ $d > r \Rightarrow$ 만나지 않는다

수포의 공식집

발행일   2022년 2월 12일 (초판 1쇄)
2022년 10월 15일 (개정판 1쇄), 2024년 1월 15일 (개정판 2쇄)
2024년 12월 20일 (개정2판 1쇄)

기획   고은영
감수   김상희 (와이즈만 수지센터)
편집   이종하
영상   박강지, 석정인

펴낸곳   고집북스
펴낸이   고은영
신고   2020년 11월 26일 (제2020-000048호)
주소   충남 아산시 탕정면 매곡한들7길 20
이메일   savvy75@hanmail.net
인스타그램   @gozipbooks